KB100386

03
동물

03
동물

뉴욕 쥐의 다이어트 유전자

이지유의 이지 사이언스

EASY SCIENCE

글·그림 이지유

창비

과학을 가지고 놀자!

2016년 12월 31일 오후 2시, 나는 무주 산골짜기에서 스키를 타다 넘어졌다. 그 결과 오른쪽 손목 부근 경골이 부러졌는데, 골다공증의 가능성이 큰 나이인 것을 감안한다면 그리 놀랄 일은 아니다. 완벽한 오른손잡이였던 나는 정말이지 아무 일도 할 수 없었지만 잠시도 가만히 있질 못하는 성격이라 팬이 보내준 펜을 꺼내 왼손으로 그림을 그렸다.

마침 2017년이 닭의 해였기에 닭을 그리려 애는 썼으나 부리와 벼슬 뭐 하나 제대로 표현할 수 없었다. 그럴듯하게 보이려고 꼼수로 닭의 꼬리를 무지개색으로 그렸지만, 사실 '그렸다'기보다는 '그었다'는 편이 옳겠다. 그 그림을 SNS에 올렸다.

놀라운 일은 그다음에 벌어졌다. 정말 신기하게도 친구들은 닭을 알아보았다. 그들의 뇌는 자기 뇌 속 빅 데이터를 분석해 내가 닭을 표현하려고 애를 썼다는 사실을 정확하게 맞힌 것이다. 게다가 "닭 꼬리를 무지개색으로 표현하다니 창의적이야!" "그림의 느낌이 좋다." 등 내가 의도하지 않은 예술성까지 발견해 준 것은 물론이고 "네가 그동안 그린 어떤 그림보다 낫다."라는 다소 인정하기 힘든 평까지 올렸다. 나 원 참!

아무튼 재미난 놀잇감이 생겼다. '왼손 그림'은 어떤 대상에 대한 최소한의 정보와 SNS 친구들의 뇌 사이에 벌어지는 흥미로운 게임이었다. 과학 논픽션 작가인 내가 품고 있는 숙제 가운데 하나는, 독자들이 과학을 좀 우습게 보도록 만드는 것이다. 내 왼손과 독자들의 뇌를 잘 이용하면 이와 같은 일을 할 수 있을 것 같았다.

나는 아침마다 시간과 공을 들여 국내외 과학계의 동향을 살피고 지식과 정보를 업데이트하며 거기에 언급된 논문을 읽는 것은 물론이고 필요하다면 기초적인 공부도 다시 한다. 아침 공부 시간에 딱 떠오르는 무엇인가를 왼손으로 그리고 그 아래에 유머를 담은 글을 한 줄 보태면 어디에도 없는 훌륭한 '과학 왼손 그림'이 되지 않을까? 그래서 날마다 왼손 그림을 그려 SNS 친구들과 공유했다. 인기는 폭발적이었고 처음 그린 50여 점의 그림을 묶어서 『펭귄도 사실은 롱다리다!』(웃는돌고래 2017)라는 책으로 만들었다. 이 책이 자신이 끝까지 읽은 첫 과학책이라는 중학생의 팬레터를 심심치 않게 받는다.

'이지유의 이지 사이언스' 시리즈가 추구하는 목적은 간단하다. 청소년이나 성인들에게 '과학 지식과 과학 방법은 넘어야 할 산이 아니라 그냥 가지고 놀 수 있는 대상'이라는 점을 알아채도록 만드는 것이다. 지구에서 달까지의 거리가 38만 킬로미터라는 사실을 과학 지식으로 알고 있는 사람은 그것을 재는 과학 기술과 그로부터 달까지의 거리를 유추하는 과학적인 방법에 대해 모른다 할지라도, 38만 킬로미터라는 지식으로부터 다양한 생각과 상상을 이끌어 낼 수 있다. 이 시리즈와 함께 과학 지식을 바탕으로 다양한 생각의 가지를 뻗어 나가길 바란다.

자, 그럼 왼손 그림과 게임을 시작해 보자!

2020년 3월

이지유

들어가며

생물량이란 단위 면적당 생물 전체의 무게, 그것도 물기를 뺀 건조량을 킬로그램으로 표시한 것이다. 지구 전체의 생물량은 총 5,500억 톤 정도인데, 그중 80퍼센트는 식물이고 19.64퍼센트는 박테리아와 고세균 등이며, 인간이 포함된 동물은 겨우 0.36퍼센트를 차지한다. 동물이 차지하는 생물량은 보잘것없음에도 동물은 운동 능력과 지능을 활용해 지구 환경에 지대한 영향을 미친다. 몇몇 동물은 놀라운 생존 전략을 가지고 있어 여타 지구 생물들에게 귀감이 되기도 한다.

한편 인간은 인간의 생물량보다 2배 이상 많은 가축을 오로지 먹기 위해 기르며 농사에 방해가 된다는 이유로 최후의 분해자들인 곤충을 살충제로 싹쓸이하는가 하면 몇 남지 않은 야생 포유류를 오락을 위한 사냥감으로 여기기도 한다. 이 동물들이 다 사라지면 인간 역시 지구에서 살 수 없음에도 인간이 이런 짓을 일삼는 이유는 동물에 대한 무지에서 비롯된 것이다. 인간이 좀 더 성숙한 우주적 존재가 되려면 우리의 이웃인 동물에 대해 제대로 알아야 할 필요가 있다. 다행스럽게도 인간 중에는 동물을 인간과 동등한 존재로 여기며 연구하는 동물학자들이 있다. 이들은 시간과 돈을 들여 언어 소통이 불가능한 동물의 생활에 대해 하나둘 알아낸다. 우리 모두 무식한 인간이라는 굴레에서 벗어날 필요가 있으므로 동물 탐구를 시작해 보자.

차례

3장 최첨단 과학으로도 이런 건 어렵지

4장 그냥 개성이라고 해 두자

5장 우리를 잘 안다고 생각했겠지만

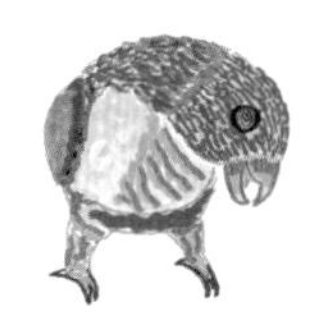

6장 동물은 진화한다

1장

21세기를 사는 건 힘들어!

지구는 현재 그 어느 때보다 급변하는 환경 속에 놓여 있다. 그 원인은 이제 곧 100억의 개체 수를 자랑할 인간으로, 인간들이 배출하는 이산화탄소는 지구의 자연환경을 예측할 수 없는 방향으로 몰아가고 있다. 이에 동물들 또한 변화하는 자연과 인간이 구축한 사회에 발 빠르게 적응해야 하므로 세상 살아가는 것이 힘들다. 급변하는 사회 속에서 동물은 어떤 변화를 꾀하고 있는지 알아보자.

NYM

뉴욕에 사는 도시 쥐는
피자를 먹고 살기 위해
오메가3, 오메가6 지방산을
이용하는 유전자를
보유하고 있다.

뉴욕 쥐

1

햄버거와 피자를 위한 유전자

건강을 위해서는 야채를 많이 먹고 과다한 지방 섭취를 금하라고들 한다. 그러나 기름진 것들은 대체로 맛있다. 맛있는 것을 마음껏 먹으면서도 살찌지 않을 방법은 없을까? 있다고 조심스럽게 주장해 본다. 자, 여기 뉴욕 쥐들을 보라. 오늘날 뉴욕에 살고 있는 쥐들은 햄버거와 피자를 소화시키기 위해 오메가3와 오메가6를 이용하는 유전자를 가지고 있다. 기름진 음식을 먹고도 소화를 잘 시킨다는 뜻이다. 게다가 이런 음식을 소화하고 분해하기 위해 거대한 간도 가지고 있다. 쥐들은 원래 다 그런 것 아니냐고? 그렇지 않다.

뉴욕주립대 과학자들이 연구한 바에 따르면 요즘 시골 쥐와 도시 쥐는 간의 크기는 물론 유전자도 다르다. 대도시인 뉴욕에는 먹을 것이 많고 공원에 씨앗과 열매도 많으니 도시 쥐들은 열량 과다 섭취로 간이 비대해졌을 수도 있다. 하지만 조상이 같은 쥐들의 유전자가 달라진 것은 어떻게 설명해야 할까? 이건 햄버거와 피자를 먹으며 도시 생활에 잘 적응한 쥐의 돌연변이 유전자가 후대에 전해진 것이라 추측해 볼 수 있다. 인간도 이와 같은 길을 걸을 수 있을까? 햄버거나 피자를 많이 먹고도 살이 찌지 않는 사람은 자손을 많이 낳기 바란다. 그럼 인간도 뉴욕 쥐처럼 될 수 있다!

고양이

2

사람 알레르기가 있어요

인간 가운데는 고양이 털이나 개털에 알레르기가 있는 사람들이 있다. 이들은 매우 민감한 면역계를 가지고 있어서 동물의 털이나 집먼지진드기, 꽃가루처럼 목숨을 크게 위협하지 않는 물질에 대해 과민반응을 한다. 몸은 위험한 물질이 들어왔다고 여겨 '면역글로불린E'라는 항체를 마구 분비하고, 과다하게 분비된 항체는 몸 세포들을 마구 공격해 재채기, 콧물, 발진, 가려움을 유발하는 것이다. 알고 보면 알레르기의 원인은 밖에 있는 것이 아니고 안에 있다. 내 몸에 뭔가 문제가 있는 것이다.

그런데 이와 같은 일이 고양이에게도 일어난다. 고양이는 개보다 훨씬 민감해 향수, 화장품, 방부재 등에 매우 민감하며 고양이에 따라서는 재채기를 하기도 한다. 면역글로불린E는 인간에게만 있는 물질이 아니라 척추동물은 모두 가지고 있다. 당연히 고양이에게도 있다. 그러니 예민하고 민감한 고양이는 같이 사는 인간에 대해 알레르기가 있을 수 있다. 고양이는 이래저래 억울하다. 자신도 인간에 대한 알레르기가 있지만 인간 말을 못 한다. 그런데 알레르기가 있는 인간들은 그 원인이 고양이라고 한다. 자기들 입장만 아는 인간들 같으니라고!

새만금에는 멸종 위기 2급인
검은머리갈매기 30여 마리가
산다. 알도 낳았다.

검은머리갈매기

3

갯벌에도 찾아온 젠트리피케이션

검은머리갈매기는 흰 갈매기가 검은색 두건을 목까지 둘러쓴 것처럼 생겼다. 이름 그대로다. 알을 낳고 부화하는 시기에 우리나라에 찾아오는 철새로 다른 갈매기들이 물고기, 작은 새, 조개를 잡아먹는 것과 달리 이 새는 오로지 갯벌에서 먹이를 얻는다. 그래서 새만금을 모두 메워 인간이 살 집과 건물, 공장을 지으면 이 새들은 알을 낳으러 올 곳을 잃는다. 실제로 새만금 매립 공사가 시작되자 검은머리갈매기는 거의 자취를 감췄다.

그런데 2019년 봄, 국립생태원 연구원들이 새만금 갯벌에서 너구리와 까치가 검은머리갈매기의 알을 훔쳐 먹는 것을 목격하게 된다. 연구원들은 서둘러 둥지를 찾았으나 이미 200여 개의 둥지가 너구리에게 털리고 난 뒤였다. 연구원들은 남은 알 40개를 조심스레 가져와 연구실에서 부화시키고 길러 열다섯 마리를 새만금에 다시 돌려보냈다. 이들이 잘 살아남아 전 세계에 1만 4,000 정도밖에 안 남은 개체수를 늘릴 수 있다면 얼마나 좋을까!

큰거문고새는 자동차 경고음, 나무를 자르는
전기톱 소리까지 똑같이 따라 한다.
유사이래 똑같은 소리로만 구애하는
매미는 크게 본받을 일이다!

큰거문고새

4

공사장에서 부르는 노래

지금 당장 큰거문고새를 검색해서 동영상을 하나 틀어 보라. 입이 쩍 벌어지고 눈이 휘둥그레지면서 자신의 귀를 의심하게 될 것이다. 무슨 소리든 따라 하는 이 신기한 새는 다른 종류의 새 소리는 물론 동물의 소리도 따라 한다. 이 새의 놀라운 점은 이뿐만이 아니다. 동료 큰거문고새가 늑대 소리를 내면, 늑대를 본 적이 없는 큰거문고새도 그 소리를 따라 흉내 낸다.

최근 오스트레일리아에서 개발 붐이 일면서 공사장에서는 중장비들이 쉬지 않고 돌아가고 있는데, 놀랍게도 큰거문고새는 이 소리마저 따라 한다. 20세기까지 하지 않았던 일을 하는 것이다. 도대체 이 새의 발성 기관은 어떻게 작동하는 걸까? 몸속에 녹음기가 있고 목에는 스피커가 있는 걸까? 동물학자들조차 놀라느라 바빠 아직 원리를 모르지만, 참새목에 속하는 이 새는 충분히 신기하기 때문에 오스트레일리아에서는 국조로 정했을 뿐 아니라 10센트 동전에 새겨 기념하고 있다.

주식인 개미를 잡아먹을때 콧구멍과
귀를 닫을 수 있는 천산갑! 비늘이
약으로 쓰여 이 놀라운 동물이
멸종 위기라는데, 비늘의 주성분은
인간의 손톱과 같다. 그러니 천산갑 대신
네 손톱을 갈아 먹어라!

천산갑

5

이게 다 냉장고 때문이야

온몸을 튼튼한 비늘로 감싸고 있으나 머리는 의외로 귀엽게 생긴 반전 매력의 천산갑. 개미핥기처럼 강력한 앞발톱으로 개미집을 부순 뒤 긴 혀로 개미를 핥아 먹는 습성이 있지만, 개미핥기와는 전혀 다른 부류의 동물이며 티라노사우루스처럼 이족 보행을 한다. 이런 모습이 얼마나 매력적이었으면 우리 선조들은 지붕에 천산갑 모양의 조각상을 어처구니로 얹기도 했다.

천산갑의 상징인 비늘은 워낙 강력해 몸을 둥글게 만 채 버티기만 하면 어떤 포식자도 천산갑을 죽일 수 없다. 그러나 적을 만나면 몸을 둥글게 말고 가만히 있다는 것이 반대로 큰 약점이기도 하다. 인간은 둥글게 말린 천산갑을 그대로 들고 가면 끝이기 때문이다. 멸종 위기 동물이라 수렵이 불법임에도 여전히 밀렵꾼이 기승이다. 냉장고가 발명된 이후 냉동 상태로 먼 거리를 옮길 수 있어 유통되는 천산갑의 수가 오히려 늘었다. 비늘을 갈아 먹으면 항암 효과가 있고 정력에 좋으며 각종 병을 고친다는 근거 없는 믿음이 퍼져 1년에 백만 마리가량의 천산갑이 인간의 손에 죽는다. 그런데 천산갑 비늘의 주성분은 케라틴이다. 천산갑의 비늘을 먹고 효과를 보고 싶은 인간이라면 발톱이나 손톱 깎은 것을 잘 모아 놓았다가 갈아 먹는 편이 쉽고 빠르다.

등이 푸른 물고기가 수면에 있으면
물 밖 새들이나 물 아래
큰 물고기 눈에 띄지 않는다.
이것은 '투명어' 전법!

등 푸른 물고기

6

서둘러 어른이 되어야 하는 이유

고등어, 다랑어, 참치, 청어, 꽁치 말고도 여기 열거할 수 없을 만큼 많은 물고기가 선택한 방어책은 등과 배의 색을 다르게 하는 것이다. 등은 바다와 같은 색으로 하고 배는 하늘과 같은 색으로 하면 위아래 어디서 보아도 확실히 구분할 수 없으니 이보다 좋은 방어책이 없다.

그러나 21세기 들어 인간들이 육지에서 먼바다로 거대한 배를 끌고 나가 고래나 상어가 먹어야 할 청어, 고등어, 다랑어 떼를 너무 많이 잡는 바람에, 물고기들은 다음 세대를 이을 겨를도 없이 모조리 인간의 입속으로 들어가 버리고 말았다. 이를 간파한 생존 물고기들은 무리가 살아 있을 때 한시라도 빨리 알을 낳아 다음 세대를 만들려고 한다. 그러다 보니 성체의 몸집이 예전보다 작아졌다. 생식 기관은 미량의 호르몬으로도 조절할 수 있으나 덩치를 키우는 것은 절대 시간이 필요한 일이기 때문이다. 몸집이 작아져도 멸종이 안 되어서 다행이라고 해야 할지 모르겠으나 바닷물고기에게도 21세기는 힘들다.

남극대구

7

부러움을 사는 것은 곤란해

남극대구처럼 심해와 남극 근처에 사는 물고기들은 수온이 0도 이하로 내려가는 추운 환경에서도 얼지 않고 잘 살아간다. 이들이 영하의 온도에도 얼지 않는 이유는 핏속에 부동 당단백질을 가지고 있기 때문이다. 얼지 않게 만드는 당과 결합한 단백질을 가지고 있다는 뜻인데, 이 단백질이 물 분자를 둘러싸 얼어붙는 것을 막는다.

인간들은 물고기들의 이런 능력을 시기해 그들의 피를 뽑아 부동 당단백질을 연구해 인공 부동 당단백질을 만들었다. 이를 활용해 얼지 않는 페인트와 아이스크림 등을 발명했다. 인간의 원대한 꿈은 부동 당단백질을 생체와 결합해 얼지 않는 농작물이나 과일 같은 것을 만드는 것에서부터 기증받은 장기를 차가운 상태로 보관할 때 얼지 않도록 하는 데까지 이어져 있다. 이 꿈을 이루기 위해 추운 곳에 사는 물고기들을 더욱 괴롭힐 수도 있는데, 어쩌면 물고기들은 이 사실을 이미 눈치채고 더욱 깊은 곳으로 갈지도 모른다.

웜뱃은 각설탕 모양 똥을
누기 때문에
잘 싸면 피라미드를
쌓을 수 있다.

웜뱃

8

네모난 똥의 비밀

오스트레일리아에 가면 만날 수 있는 웜뱃은 몸길이 1미터에 무게는 30킬로그램쯤 나가는, 좀 큰 개만 하고 머리는 네모 모양에 얼굴은 다람쥐를 닮은 귀여운 동물이다. 생김새나 습성이 그리 색다르지 않은 이 동물이 유명세를 탄 이유는 네모난 똥 때문이다. 그렇다, 똥이 각이 지게 생겼다. 사람들은 웜뱃의 똥을 보고 이 신기한 동물의 항문이 네모날 것이라고 생각했다고 한다. 물론 그렇지 않다.

21세기의 어느 날, 오스트레일리아 태즈메이니아에서 웜뱃이 교통사고를 당해 사경을 헤매게 되었다. 살 가망이 거의 없어 수의사들은 안락사를 결정했고, 부검 과정에서 웜뱃의 똥에 대한 비밀이 풀렸다. 웜뱃의 똥이 각진 이유는 장속에 음식물이 너무 오래 있어서다. 게다가 장이 90도로 굽어져 있어 변이 쌓이고 다져져 주사위 모양이 된 것이다. 음식물이 장속에 무려 15일이나 머무른다고 하니 중증 변비다. 생각만 해도 괴롭지만 다행히 웜뱃의 항문은 부드러워 각진 똥이 나오는 데 아무런 불편함이 없다. 그렇다면 웜뱃은 왜 이런 똥을 누는 것일까? 네모난 똥은 구르지 않는다. 똥이 그 자리에 있다는 것은 이 주변이 웜뱃의 영역이라는 표시다. 그렇다, 구르지 않는 단단한 똥은 웜뱃의 문패인 셈이다. 천적이 없다면 똥 덕분에 이웃과 적당한 거리를 유지하며 살 수 있다.

헤밍웨이의 절친 '6발가락 고양이'.
그들은 어마어마한 허리케인
어마(Irma)에서 살아남았다!

9

유명세를 치르는 이유도 가지가지

『노인과 바다』의 저자이며 노벨 문학상에 빛나는 미국 소설가 어니스트 헤밍웨이는 유명한 애묘가로, 생전에 앞발 발가락이 6개인 고양이 '스노 화이트'의 집사였다. 고양이는 원래 앞발 발가락이 좌우 각각 5개씩, 뒷발 발가락은 좌우 각각 4개씩 있어 모두 18개의 발가락이 있는 것을 정상으로 본다. 그러나 어떤 고양이의 경우 이보다 훨씬 많은 수의 발가락을 가지고 태어난다. 이들은 손, 아니 앞발을 써 문을 여는 것은 물론 사람처럼 스마트폰을 들고 있는 모습이 SNS에 종종 포착되기도 한다.

손가락 수가 정상보다 많은 증상을 다지증이라고 하는데, 우성 유전이 되는 경우가 많아 다지증인 고양이는 지구상에서 쉽게 사라지지 않을 전망이다. 헤밍웨이의 고양이 스노 화이트 역시 많은 후손을 남겼다. 여섯 발가락 고양이는 그사이 오십여 마리로 불어나 대문호가 태어난 집에서 여전히 잘 살고 있다. 물론 헤밍웨이는 오래전에 죽었다. 2017년 어마어마한 허리케인 어마가 헤밍웨이의 생가를 덮쳤을 때 고양이들은 벽이 두꺼운 이 집으로 뛰어들어 모두 무사히 살아남았다. 물론 이 집의 또 다른 '집사'가 전기와 수도가 끊긴 가운데 발전기를 돌려 고양이들을 먹이고 돌보아 주긴 했는데 그건 인간된 도리이므로 당연한 일이라 할 수 있다.

아기 코끼리는
안정감을 얻으려고
코를 빤다.

아기 코끼리

10

복잡한 사회에서 안정을 얻으려면

인간뿐만이 아니라 지능을 가진 모든 동물의 사회는 대를 이어 갈수록 복잡해진다. 이는 무리의 경험치가 늘어나면 정보를 정리해 무리에 유리한 것은 남기고 불리한 것은 버리는 알고리듬이 작동하기 때문이다. 정보 처리가 훌륭하게 이루어지면 개체 수가 증가하기 마련인데, 사람이든 동물이든 수가 늘어나면 모든 개체가 관심을 받을 수는 없다. 그럴 경우 각각의 개체는 스스로 살아남기 위해 다양한 행동 양식을 개발하는데, 손가락을 빠는 것이 그중 하나다. 인간의 경우 어린 시절 엄마에게 인생을 온전히 맡긴 채 젖을 먹던 기억을 떠올리며 안정을 찾기 위해 손가락을 빤다.

이와 같은 행동은 논리적으로 모든 포유류에 적용할 수 있으나 동물은 수명이 짧고 인간의 눈에 잘 보이지 않는 곳에 퍼져 있어 일일이 따라다니면서 증명하기 참 어렵다. 그러나 덩치가 크고 수명이 긴 코끼리의 경우 젖을 떼지 않은 어린 코끼리가 자신의 코를 빠는 경우를 종종 볼 수 있다. 이는 불안한 환경에 처했을 때 안정을 얻으려는 행동이라는 것이 동물학자들의 주장이다. 다행히 코끼리는 사족 보행이라도 코가 길어서 빨 수 있지만 그렇지 못한 포유류는 불안감을 없애기 위해 무슨 행동을 할까? 꼬리를?

엄마, 아빠 아델리펭귄이
먹이를 구하러 100km나 더 멀리
간 탓에 올해에는 단 2마리의
새끼만 살아 남았다. ㅠㅠ

아델리펭귄

11

기다림의 시간이 길어진 까닭

인간들은 아델리펭귄을 남극의 싸움꾼으로만 알고 있다. 뭐, 사실 그들이 싸움은 좀 한다. 그러나 자연 다큐멘터리로 유명한 내셔널지오그래픽이 찍은 영상에는, 황제펭귄의 새끼들이 무서운 독수리의 위협을 받았을 때 아델리펭귄이 나타나 새끼들을 안전하게 물가로 인도하는 장면도 나온다. 이 반전 매력이 있는 펭귄은 남극에서도 가장 남쪽에 서식하며 10월에서 2월 사이에 알을 2개씩 낳는다. 알은 암수가 번갈아 품고 부모 중 하나가 알을 품는 동안 다른 하나는 먼바다에 나가 배불리 먹고 돌아온다.

그런데 2015년 남극에 얼음이 너무 많이 얼어 동남극의 아델리펭귄들은 번식지로부터 훨씬 더 멀리 가야 바다에 닿을 수 있었다. 부모 중 한 마리가 먹이를 먹고 돌아오는 데 시간이 훨씬 많이 걸리니 기다리던 부모마저 배고픔을 이기지 못하고 먹이를 구하러 바다로 나갔다. 그 결과 보살핌을 받지 못한 새끼들은 모두 죽고 말았다. 비극은 2017년에도 이어졌다. 동남극의 아델리펭귄 번식지에서 태어난 수천 마리의 어린 펭귄 중 단 두 마리밖에 살아남지 못했다. 이는 모두 극심한 기후변화 때문에 생긴 일로 그 책임이 인간에게 있는 것이 분명하다.

페루 쿠엘카야 빙하에 사는
빙하새는 지구 유일의
빙하에 둥지를 트는 새다.

하얀날개디우카핀치

12

빙하를 돌려줘

페루 하면 잉카 제국의 수도인 쿠스코와 산꼭대기에 지어진 도시 마추픽추를 떠올리는 사람은 많지만 해발 5,700미터가 넘는 쿠엘카야 빙하에 둥지를 틀고 사는 새가 있다는 사실을 아는 사람은 그리 많지 않다. 그 새의 이름은 하얀날개디우카핀치. 이들은 얼음 사이에 아슬아슬하게 둥지를 틀고 알을 낳고 새끼를 키운다.

빙하새가 빙하에 둥지를 트는 이유는 아마도 천적이 없기 때문일 것이다. 그래도 그렇지 도대체 둥지를 만들 풀은 어디서 구했으며 새끼에게 먹일 벌레는 어디에서 잡아 오는지 모든 것이 신기하기만 하다. 그러나 이 새들의 삶은 지구 온난화로 큰 위기를 맞았다. 빙하가 녹는 바람에 둥지를 틀 얼음이 사라져 가는 것이다. 쿠엘카야 빙하가 다 녹으면 지구에서 유일하게 빙하에 둥지를 짓는 새는 더 이상 찾아볼 수 없을 것이다. 우주 전체에서 사라지는 것과 같다.

파이카(Pika 우는토끼)는
겨울을 날 건초를 만들기 위해
꽃을 모은다.

13

온난화 때문에

토끼목에 속하는 파이카의 정식 명칭은 우는토끼다. 이름은 토끼지만 우리가 보통 생각하는 토끼처럼 귀가 크지 않고 팔다리도 짧다. 어찌 보면 쥐와 닮았기 때문에 쥐토끼라고도 부른다.

우는토끼는 겨울이 오기 전 풀과 꽃, 나뭇가지를 모아 햇빛이 잘 드는 곳에 말려 건초를 만든다. 이 건초가 바로 겨울을 나는 식량! 그러나 가끔 순록들이 나타나 한입에 홀라당 털어먹는 일이 발생하기도 한다. 그럴 때 우는토끼가 할 수 있는 일은 높은 고음으로 우는 것밖에는 없다. 아, 몹시 안타깝다.

우는토끼는 조상들이 시베리아 출신이라 추운 곳을 좋아하지만 지구 온난화 탓에 얼음이 녹아 바다가 드러나는 바람에 북으로 더 가지 못한다. 산악 지대에 사는 우는토끼들은 추운 곳을 찾아 더 높은 곳으로 가지만 산꼭대기에 이르면 더 갈 곳이 없기에 몇 종이 심각한 멸종 위기를 맞고 있다. 한겨울을 나기 위해 꽃을 말리는 이 낭만적인 동물의 멸종을 어떻게 해서든 막아야 한다.

2장

생존을 위한 비장의 무기

동물들은 지구에서 살아남기 위해 다양한 전략을 쓴다. 그 전략이란 조상들로부터 실험과 검증을 통해 이어져 온 것으로, 뛰어난 두뇌와 정교한 손 말고는 그다지 내세울 것이 없는 인간의 입장에서 매우 부러운 것이 많다. 엄청나게 많은 '스펙'보다는 한 가지 장기를 더욱 정교하게 발달시키는 장인 정신이 동물의 세계에서는 널리 통용된다는 뜻으로 주의 깊게 들여다보아야 할 일이다.

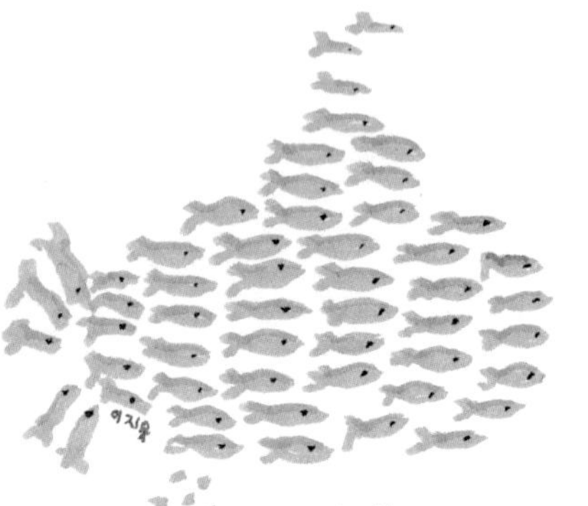

뿌웅~

청어는 위협적인 거대한
적을 만나면 때로 방귀를
뀌어서 맞선다!

1

다 함께 하나 둘 셋, 뿡!

청어는 인간에게 매우 인기 있는 물고기다. 오래전 네덜란드에서는 같은 크기의 청어를 골라 잘 말려 돈으로 썼다. 그뿐 아니다. 청어를 소금에 절여 배로 실어 날라 생선 구경도 못한 나라의 사람들에게 팔았는데, 그 덕에 소금 유통이 활발해지고 선박 산업까지 번창해 네덜란드는 한때 세계 경제의 중심이 되었다.

한편 바다에서도 청어는 좀 다른 방향으로 인기가 있는데 돌고래, 상어 등 최상위 포식자들이 즐겨 먹는 물고기가 바로 청어다. 청어의 수는 어마어마하게 많아 바다와 육지의 포식자들이 아무리 잡아먹어도 여전히 많은 수가 남아 있다. 그렇다 해도 기를 쓰고 잡아 대면 종족을 보전하기 어렵다. 그래서 청어처럼 크기가 작고 떼로 몰려다니는 물고기들은 다양한 생존 전략을 가지고 있다.

청어의 경우 방귀가 전략이다. 청어 수만 마리가 거의 동시에 가스를 배출해 포식자들의 집중력을 떨어뜨린다. 냄새 때문이냐고? 아니다! 물속에서는 냄새보다 소리가 더욱 효과적으로 포식자를 교란시킨다. 물론 아주 잠깐 동안만.

밀림에 사는 우로두스과 나방은

개미의 공격을 피하고

물에 젖어 고치가 무거워지는

것을 막으려고

구멍이 숭숭 뚫린

바구니 같은 고치를 만든다.

우로두스과 나방

2

비결은 '대충'

우로두스과 나방은 유럽과 북아메리카에 주로 사는데, 솔직히 말해 인간은 그들에 대해 아는 것이 거의 없다. 19세기 말과 20세기 초에 매우 다양한 우로두스과 나방이 이름, 곧 학명을 받기는 했으나 그 많던 나방이 다 어디로 갔는지 요즘은 도무지 볼 수가 없다. 멸종이 되어 그런 것일 수도 있으나 숲에서 이들의 고치가 보이는 걸 보면 지구에서 완전히 사라진 건 아닌 것 같기도 하다.

이들의 고치는 형태가 매우 특이하다. 우선 고치를 나무 높은 곳에 짓는데 혹시 개미가 와서 가만히 있는 번데기를 먹어 버릴 수도 있기 때문에 나무에 대롱대롱 매달린 고치를 짓는다. 그런데 이런 형태로 고치를 지으면 비가 와서 젖었을 때 아래로 축 늘어지다 결국 지탱하고 있던 실이 끊어질 수 있다. 아마 오래전에는 모두 튼튼한 고치를 지었고 비가 오면 모두 땅에 떨어져 죽었을 것이다. 그러다 마침 뭔가 2퍼센트 부족해 고치를 얼기설기 짓는 애벌레가 있었는데 집은 좀 부실해도 고치가 젖지 않아 무사히 살아남았으리라. 결국 오늘날 지구상에 남아 있는 우로두스과 나방은 이 부실한 선조의 자손들이다. 이들은 필요 없는 부분을 과감히 없애고 꼭 필요한 골격만 유지하되 번데기가 빠지지 않는 최적의 틈을 두고 고치를 짓는다. 이거야말로 미니멀 건축의 최고봉이 아닌가!

다양한 주파수 소리를 내는 드롱고는
여러 동물의 언어로 "독수리다!"를
외친 후, 동물들이 도망간 틈을 타
그들이 잡아 놓은 먹이를
가로챈다.

바람까마귀 드롱고

3

속여야 산다!

아프리카 칼라하리 사막에 사는 바람까마귀류는 매우 영리하다. 과학자들이 지금까지 관찰한 바에 따르면 그들은 쉰한 가지 다양한 경고음을 낼 수 있는데, 포식자나 맛있는 먹이가 나타났을 때 사용한다고 한다. 그런데 이 소리를 같은 종의 바람까마귀들만 듣는 것이 아니고 다른 새나 미어캣들도 듣는다. 안 그래도 미어캣은 몸집이 작아 큰 새들의 먹이 신세가 되기 때문에 경고음을 내 주는 바람까마귀는 매우 도움이 되는 이웃이다.

흥미로운 사실은 바람까마귀들이 다른 동물의 소리도 흉내 낼 줄 안다는 점이다. 예를 들어 큰 독수리나 매의 소리를 흉내 내는 것은 기본이고 늑대 소리까지 따라 한다. 이들이 이런 소리를 내는 것은 약간 치사한 일을 하기 위해서인데, 막 식사를 하려던 동물들이 이 소리를 듣고 도망을 가면 그사이에 그들의 저녁 식사를 가로채는 것이다. 바람까마귀는 이런 방식으로 하루에 필요한 식사량의 1/4을 충당한다고 하니 대단한 능력임에 틀림없다. 그런데 그 소리에 계속 속는 다른 동물은 도대체 뭐냐?

머리에서 불이 번쩍 번쩍 번쩍.

적이 이걸 보면 '어, 도망가네'.

이런 놀라운 전략을 쓰는 동물의

이름이 왜 '지옥에서 온 뱀파이어'

또는 '흡혈박쥐문어' 일까?!

흡혈박쥐문어

4

어떻게든 믿게 만들자

흡혈박쥐문어는 적이 나타나면 몸을 확 뒤집어 고슴도치처럼 변한 뒤 머리에서 번쩍번쩍 빛을 낸다. 이들의 외모는 무척이나 험상궂어 적을 겁주기에 안성맞춤이지만 안타깝게도 이들은 심해에 살기 때문에 무서운 외모가 방어에 그다지 도움이 되지 않는다. 그렇지만 흡혈박쥐문어의 머리에서 번쩍이는 불빛은 확실한 방어 전략이 된다. 이들은 포식자를 만나면 불빛의 광량을 줄이며 자신이 점점 멀어지고 있다고 포식자가 믿도록 만든다. 정말 기발하지 않은가! 이 방법으로 모든 문어가 도망치기에 성공할지는 알 수 없으나 적어도 포식자를 머뭇거리게 할 시간은 벌 수 있다.

먹고 먹히는 동물의 세계에서 포식자가 머뭇거리는 시간은 희생 후보자에게는 정말이지 많은 기회를 제공한다. 그사이 불을 끄고 방향을 바꾸어 재빨리 도망을 치면 캄캄한 바닷속에서는 아무도 따라올 수 없으니 말이다. 이렇게 도망치기에 성공한 흡혈박쥐문어들만이 자손을 남길 것이므로 앞으로 포식자들은 이 문어를 잡아먹기 더 힘들어질 것이다.

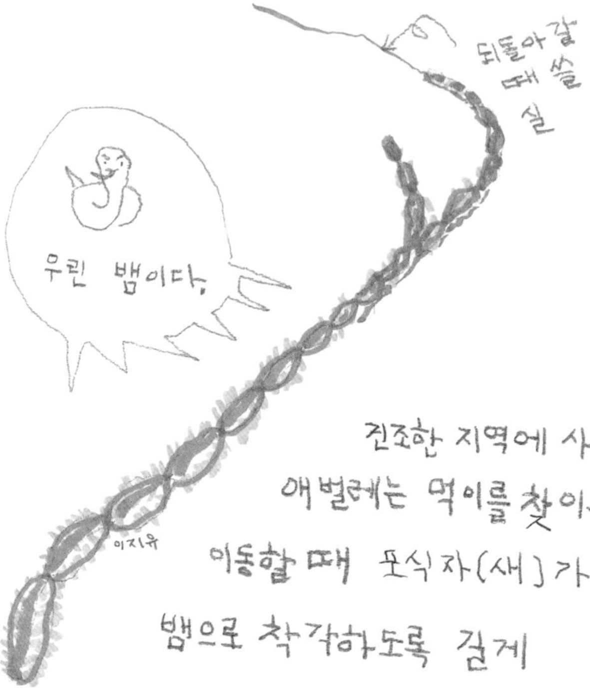

되돌아갈 때 쓸 실

우린 뱀이다.

이지유

건조한 지역에 사는
애벌레는 먹이를 찾아
이동할 때 포식자(새)가
뱀으로 착각하도록 길게
줄지어 간다. 애벌레 털에는 알레르기를
일으키는 물질이 있으니 꼭 먹어야 할
이유가 없다면 그냥 두는 것이 좋다.

애벌레

5

줄을 잘 서는 이유

우리가 통상 애벌레라고 부르는 것은 나비와 나방의 유생을 일컫는다. 나비목에 속하는 이 아름다운 생물들은 알에서 깨어나 닥치는 대로 먹으며 꾸물꾸물 기어 다니는 벌레가 되는데, 몸이 연해서 새나 작은 동물에게 잡아먹히기 쉽기 때문에 다양한 생존 전략을 구사한다. 만지면 가려움을 유발하는 가루를 바르고 있다거나, 온통 뻣뻣한 털을 붙이고 있다거나, 커다란 눈처럼 보이는 반점을 갖고 있는 등 할 수 있는 거의 모든 방법을 동원해 스스로를 지킨다.

이도 저도 가지지 못한 애벌레들은 함께 힘을 합해 줄을 선다. 그러면 길이가 매우 길어 보이기 때문인데, 애벌레들은 포식자에게 뱀처럼 보이기를 원하는 것 같다. 그러니 중간에 끊어지면 곤란하다. 무슨 일이 있어도 앞에 있는 애벌레의 꽁무니를 잘 따라가야 한다. 줄을 잘 서야 한다는 것은 이럴 때 쓰는 말일 것이다.

북방푸른혀도마뱀이
자외선을 뿜는 파란 혀를
내미는 것은 "나, 무섭지!?"
그런 뜻이다.

6

파란색은 식욕을 떨어뜨리니까

거의 모든 동물은 헤모글로빈이 산소를 옮기는 적혈구를 가지고 있다. 그래서 건강한 개체의 근육과 내장, 입안은 대체로 밝은 붉은색이다. 이런 색을 가장 잘 이용하는 것이 식물이다. 식물의 열매는 잘 익어 씨앗을 퍼뜨릴 수 있을 때 붉은색으로 물이 든다. 그리고 아직 익지 않았을 때는 파란색을 띠는데 여기에 쓴맛 나는 독을 만들어 섞어 둔다. 동물들도 이런 사실을 잘 안다. 푸른색이 도는 풋내 나는 열매는 아직 먹을 때가 아니라는 사실을 말이다.

푸른혀도마뱀은 이런 사실을 방어 기제로 사용한다. 이들의 혀는 자외선을 뿜는 파란색이라 전혀 건강해 보이지 않을 뿐 아니라 섬뜩한 기분마저 들게 한다. 다른 동물도 그렇게 느낀다. 파란 혀를 가진 먹이라니, 별로 먹고 싶은 마음이 들지 않는 것이다. 이런 전략이 잘 통했는지 이들은 세계 여러 나라에서 잘 살고 있고 오스트레일리아에서는 먹이 경쟁이 심한 숲을 피해 인가로 내려와 쓰레기통을 뒤질 정도로 수가 많다고 한다.

하얀 털이 복스럽고 귀여운 북극여우는
겨울에는 북극곰이 남긴 먹이를 주워 먹다가
여름에는 흰 털을 벗고 툰드라 색이 되어
사냥을 하는 '지킬 박사와 하이드 씨'
같은 놀라운 동물이다.

북극여우

7

물려받은 부동산 덕분

북극여우의 학명은 *Vulpes lagopus*, 토끼발여우라는 뜻이다. 과학자들은 북극여우의 발에 매우 큰 관심을 보였지만 보통 사람들은 이 여우의 털, 다시 말해 가죽에 관심이 많았다. 눈과 구분할 수 없을 정도로 흰 여우의 털은 상품 가치가 높아 아직도 북극 근처에 사는 사람들에게는 여우 털이 생계 수단이다. 북극여우는 계절에 따라 털색을 달리하는 유일한 갯과 동물이다. 여름에는 툰드라와 비슷한 갈색이었다가 겨울에는 눈과 같은 흰색으로 바뀌는데, 털색이 저절로 변하는 것이 아니고 털갈이를 통해 완벽한 보호색을 갖추는 것이다. 개체에 따라 겨울에 푸른빛 털로 털갈이를 하는 경우도 있는데, 이것은 유전된다.

덩치가 작은 북극여우는 포식자를 만나면 빠르게 달려 입구가 여러 개 있는 땅굴로 도망친다. 영구 동토층에서는 굴을 파기 어렵기 때문에 잘 만들어진 여우 굴은 대대손손 전해 내려온다. 흙을 파서 만든 굴이니 이야말로 진정한 '흙수저'!

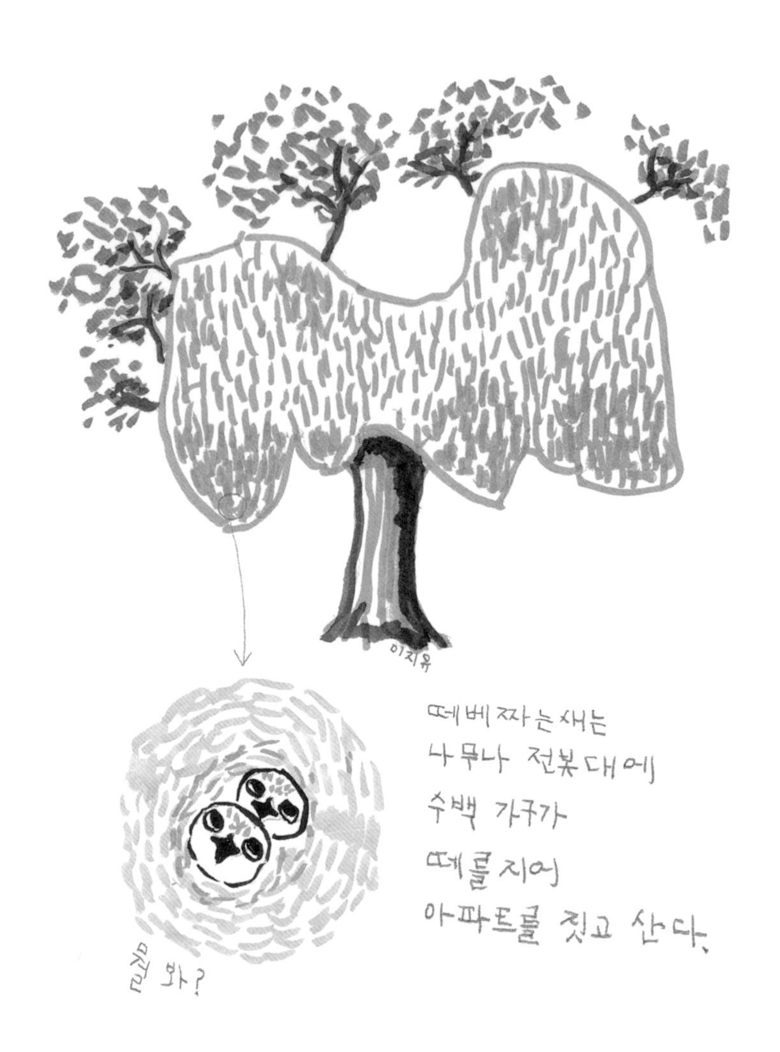

떼베짜는새

8

아파트살이의 장점

문화의 획일화, 주거 형태의 단순화 등 다양한 문제를 가지고 있는 아파트라는 형태의 건축물은, 여러 가지 단점에도 불구하고 자원을 효율적으로 이용한다는 면에서는 매우 좋은 건축물이다. 제한된 대지에 위로 높이 올려 건축물을 지으면 수도, 전기 등 사회를 유지하기 위한 기반 시설을 구축하는 데 유리하고 난방 효율도 높일 수 있기 때문이다. 인간들은 이런 형태의 건축물을 자신들이 가장 먼저 생각해 냈다고 자랑스러워할지 모르겠으나 사실인지 확인해 볼 필요가 있다.

떼 지어 모여 산다 하여 떼베짜는새라는 이름이 붙은 이 새들은 아프리카 나미비아 사막에 산다. 몸집은 손바닥만 하고 삼백여 마리가 나무나 전봇대처럼 높은 곳에 마른풀로 집을 짓는다. 뜨거운 햇빛이 집 안으로 들어오는 것을 막기 위해 입구는 아래쪽을 향하게 짓는데, 이렇게 모여 있으면 밤에 찾아오는 추위를 효과적으로 막을 수 있으며 새끼도 같이 키울 수 있다. 가끔 떼베짜는새인 척하며 무단 침입하는 새들이 있는데 이런 경우 이웃끼리 힘을 모아 불청객을 몰아낸다. 자, 어떤가? 아파트는 이 새들이 먼저 지었음이 분명하다.

이른 아침
아마존의 나비는
악어머리 위에서
목을 축인다.

악어와 나비

9

눈물을 먹고 삽니다

동물의 세계에는 수많은 공생 관계가 있다. 다른 종끼리 공생 관계를 맺는 것은 서로에게 이득이 되는 무엇인가가 있기 때문이다. 사막에 사는 개미와 버섯은 매우 훌륭한 공생 관계인데, 개미는 버섯에게 시원한 굴을 만들어 주고 버섯 균사체는 개미가 가져온 잎을 분해해 먹기 좋게 만들어 준다. 진딧물과 개미 역시 공생 관계로, 진딧물이 식물의 수액을 빨고 그 속에서 단백질만 쏙 빼낸 후 당만 포함된 단물을 배설하면 개미는 그 물을 받아서 쓴다.

악어와 나비, 악어와 벌 역시 이와 비슷한 공생 관계를 맺는다. 코스타리카에 사는 카이만악어는 나비나 벌이 머리에 올라앉아도 가만히 있는다. 이들이 자신의 눈물만 마시고 갈 거라는 사실을 잘 알고 있기 때문이다. 나비와 벌, 나방은 악어뿐 아니라 덩치 큰 포유류의 눈물을 마신다. 왜 마실까? 눈물에는 소금과 귀중한 미네랄이 들어 있기 때문이다. 누구는 필요 없어서 버리는 소량의 영양소가 작은 곤충들에게는 꼭 필요한 영양소이기도 하다. 그러니 혹시라도 곤충이 눈 밑에 앉아도 조금 참기 바란다. 이들은 인간의 눈물도 마신다.

넓적부리황새는
먹이 앞에서
딱 맞는
순간이 오기를

몇 시간이고
꼼짝 않고
기다리는

도의 경지가
매우 높은
새다.

넓적부리황새

10

일등만 남긴다

넓적부리황새, 우간다를 중심으로 팔천여 마리밖에 남지 않은 멸종 위기종. 철저히 혼자 있는 것을 좋아하며 사냥을 할 때 몇 시간이고 부동자세로 사냥감의 동태를 살피는 것으로 잘 알려져 있다. 외모와 목을 돌리는 몸동작이 매우 특이해 아마 오래전 멸종한 공룡들의 움직임이 이 새와 같지 않았을까 추측해 본다.

더 기이한 것은 새끼를 기르는 방식이다. 넓적부리황새 어미는 알을 2개 이상 낳는데, 그들 중 먼저 태어나서 덩치가 더 큰 첫째가 동생을 쪼아서 둥지 밖으로 쫓아낸다. 어미는 둥지 밖에서 사냥감을 바라볼 때와 마찬가지로 꼼짝 않고 그 장면을 보고 있는데, 입에는 오직 한 마리에게 줄 먹이만 물고 있다. 마침내 형이 동생을 뙤약볕이 작열하는 둥지 밖으로 밀어내면 어미는 그제야 승자에게 먹이와 물을 준다. 며칠 늦게 태어난 탓에 덩치에서 밀린 동생은 배고픔과 목마름을 견디지 못하고 죽는다. 넓적부리황새는 이런 방식으로 남은 강한 새끼 한 마리만 기른다. 음, 뭔가 무시무시하다.

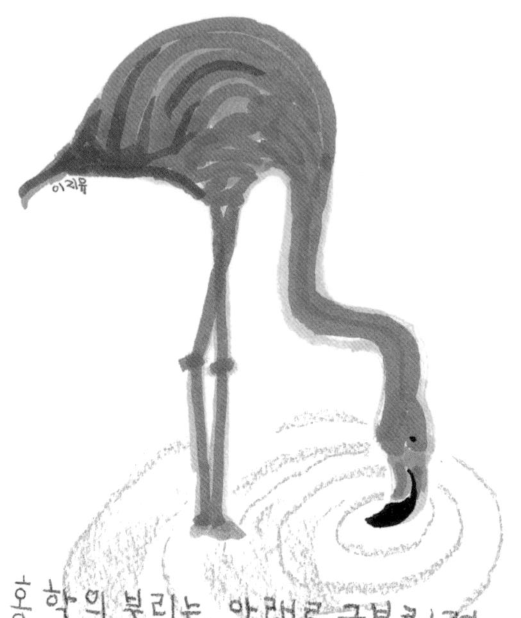

홍학의 부리는 아래로 구부러져
작은 먹이를 걸러 먹기 좋으나
그 특유의 생김새 탓에
「이상한 나라의 앨리스」에서
골프채 신세가 되었다.

홍학

11

짜게 먹지 않습니다

홍학이 가지고 있는 생존을 위한 비장의 무기는 아래로 굽은 부리와 소금물도 걸러 내는 능력이다. 아래로 굽은 부리는 마치 매부리코 같은 인상을 주기에 우아한 몸매와 안 어울리는 것 같지만, 긴 목을 구부려 머리를 물 가까이에 대고 부리로 물을 떠먹을 때 숟가락처럼 물을 잘 뜰 수 있게 해 준다. 홍학은 태어날 때는 옅은 회색이지만 짠 소금물에 사는 붉은색 조류(藻類)를 먹으면서 몸 색이 붉은색으로 변하고 나중에는 눈까지 붉은색으로 변한다. 새끼에게 반쯤 소화된 조류를 게워 내어 먹이는데, 이것 역시 붉은색이라 홍학의 새끼는 어미의 피를 먹고 자란다는 소문이 나돌게 되었다. 물론 사실이 아니다. 이 붉은 조류는 아주 짠 소금물에 살기에 홍학은 농도가 짙은 소금물을 거르는 능력도 가지고 있다. 그러나 새끼일 때는 이런 능력이 부족하기 때문에 태어난 소금 섬을 떠나 천적이 들끓는 먼 길을 걸어 담수가 있는 곳까지 가서 성장하는 강인한 동물이다.

이렇게 훌륭한 동물인 홍학은 『이상한 나라의 앨리스』라는 문학 작품에 나오기도 하는데, 놀랍게도 여기서는 여왕의 골프채로 등장한다. 홍학을 골프채로 쓴다는 사실 하나만 보더라도 여왕은 자연에 대한 이해가 부족한 무식쟁이에 심술꾸러기이며 배려라고는 눈곱만큼도 없는 인간임을 알 수 있다. 아, 인간이 맞나?

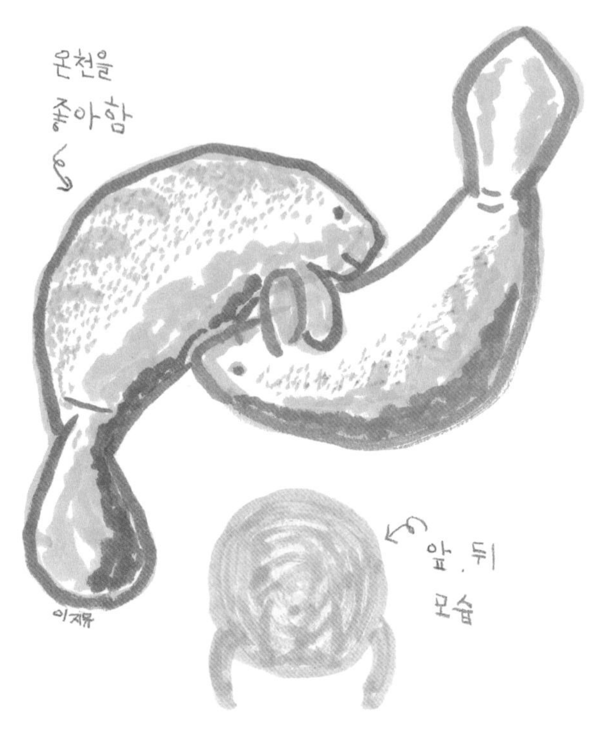

매너티(해우, 바다소)는 체온손실을 막기 위해 부피 대비 표면적이 가장 작은 원통형 몸매를 자랑한다.

매너티

12

추위에 강한 몸매

매너티는 바다소라고도 불리는 해양 포유류로 성체는 하루에 45킬로그램에 달하는 바닷말을 먹어 치운다. 몸무게는 얼추 1,000킬로그램이나 나가지만 겁이 많은 반전 매력의 동물로, 아마 아주 오래전 무서운 동물을 피해 바다로 달아났다가 그대로 적응해 살았을 확률이 크다. 거대한 몸집의 매너티는 밥주걱을 닮은 넓적한 꼬리를 제외하면 거의 완벽한 원통형 몸매를 자랑한다. 이들의 몸이 이런 모습인 이유는 추위에 맞서기 위함이다. 체온을 잃지 않으려면 바깥과 닿는 체표 면적이 적어야 하는데, 이들이 진화해 오면서 찾아낸 해법이 바로 원통형 몸매인 것이다.

이와 비슷한 전략을 쓰는 동물로는 듀공을 들 수 있는데, 매너티가 듀공보다 조금 크다는 것을 제외하면 실루엣이 거의 비슷하다. 다만 듀공의 꼬리는 고래 꼬리처럼 생겼다는 것이 확실한 차이점이다. 매너티와 듀공 모두 전 세계에 몇 마리 남지 않은 멸종 위기종이니 혹시라도 만난다면 겁주지 말고 친절하게 대해 주자.

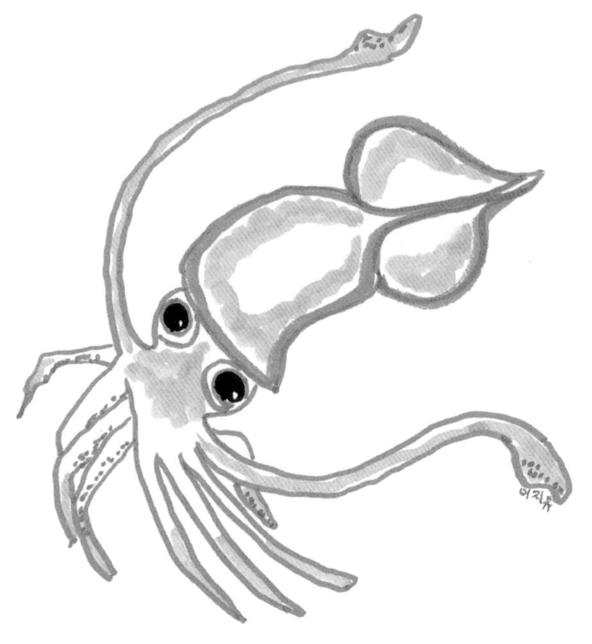

축구공만 한 눈을 가진 남극하트지느러미오징어는
두 눈 사이에 도넛 모양의 뇌가 있고
식도가 뇌 고리 안으로 통과하기 때문에
너무 큰 먹이를 먹으면 뇌 손상이 올 수 있다.

남극하트지느러미오징어

13

날 때부터 근육질

다이어트와 몸만들기에 관심이 있는 사람들에게 오징어는 분명 이 지구상에서 가장 부러운 동물임이 분명하다. 우선 오징어는 별다른 노력을 하지 않았음에도 태어날 때부터 근육질이다. 우리가 머리로 알고 있는 고깔 모양의 지느러미는 물론 유선형 몸통 전체가 지방이 극히 적은 단백질, 곧 근육으로 이루어져 있다. 더 부러운 것은 피부에 자체 발광 시스템이 있어서 비싼 화장품을 바르지 않아도 스스로 다채로운 색을 발산한다는 점이다. 인간들은 오징어를 잡아 말려 단백질이 풍부한 몸통을 불에 굽거나 튀기거나 쪄서 먹는데, 그런다고 오징어처럼 근육질 몸매나 빛나는 피부를 가질 수는 없다.

해부학적으로 보아도 오징어의 내부 구조는 조금씩 잘 씹어 먹어야 오래 산다는 지혜를 어려움 없이 실천하도록 생겼다. 놀랍게도 도넛 모양으로 생긴 뇌가 입과 위장을 연결하는 통로인 식도에 가락지처럼 끼워져 있어 오징어는 큰 먹이를 먹을 수 없다. 큰 먹이를 먹다가는 뇌 손상이 올 수 있는 것이다. 그래서 오징어는 입에 달려 있는 날카로운 이빨로 먹이를 잘게 쪼개서 위장으로 넘긴다. 평생 건강과 몸매에 신경을 쓰며 사는 이 멋진 동물은 생애 한 번 짝짓기를 한 뒤 알 주머니를 안전한 곳에 붙이고 암수 모두 그냥 죽어 버린다. 그래서 우리는 주름진 늙은 오징어를 못 보는 것이다.

입 다물고 있는 곰치는 순진해 보이지만
이들은 목에 두 번째 턱이 있는
무시무시한 물고기로, 에일리언의
모델이 되었다.

곰치

14

혀가 없을 땐 턱으로

아가미 뚜껑이 없고 지느러미도 없는 곰치는 머리마저 밋밋해 솔직히 말해서 멍청해 보인다. 나아가 산호초에 긴 몸을 숨긴 채 입을 열심히 움직여 물을 들이마시는 모습은 측은해 보이기까지 한다. 그러나 조금 없어 보여도 부지런히 움직여야 하는 것이 곰치의 숙명이다. 이들에게는 아가미 뚜껑이 없어 정말 열심히 물을 마셔야 숨을 쉴 수 있기 때문이다. 입을 벌렸을 때 자세히 보면 혀도 없다. 몸이 이렇게 간단하게 생겨도 먹고 살 수 있다니 정말 놀라울 따름이다.

그러나 곰치가 지나가던 물고기를 덥석 물면, 그때부터 놀라운 일이 벌어진다. 목 저 안쪽에서 제2의 턱이 나와 먹이를 꽉 잡아 배 속으로 쑤욱 끌고 들어간다. 아주 신속하고 정확하게 말이다. 그렇다, 곰치에게 혀 따위는 필요 없다. 곰치의 이빨은 안으로 휘어 있어 한번 물린 먹이는 절대 빠져나갈 수 없다. 그러니 혹시라도 곰치가 멍청해 보인다고 놀리다가 손가락이라도 물린다면 절대 억지로 빼지 말고 곰치의 몸 전체를 잡아 안고 물 밖으로 나와 조치를 취하는 것이 좋다. 그렇게 할 수만 있다면!

사각날개여치들아,
초록색이 아니면
잡아먹힌다구!

사각날개여치

15

비결은 초록

◇◇◇◇◇◇◇◇◇◇◇◇◇◇◇◇◇

초록색이 아닌 여치는 좀 이상하다. 우리는 초록색이 아닌 여치를 본 적이 없기 때문이다. 여치, 메뚜기 같은 곤충은 풀과 같은 색이라야 새들의 먹이가 되지 않는다. 그런데 만약 분홍색이나 빨간색 여치가 있다면? 눈에 잘 띄어서 잡아먹힌다. 그런데 놀라운 사실은? 분홍, 빨강, 노랑 여치가 진짜로 있다는 것.

자연 상태에서 사각날개여치는 노랑, 분홍, 주황, 연녹색 등 다채로운 색으로 태어난다. 그러나 이런 호화로운 색의 여치는 포식자의 눈에 금방 띄어 다 잡아먹힌다. 초록색 여치들만 살아남아 우리 눈에 보이는 것이다. 이런 여치의 이야기를 듣고 남들이 다 초록색 옷을 입고 다닐 때 남다른 색 옷을 입으면 잡아먹힌다고, 튀지 말고 남들 하는 대로 하라는 말이 나올지 모르겠다. 그러나 만약 여치의 천적이 없는 곳이라면? 또는 포식자가 색맹이라면? 분명 그런 곳이 있을지도 모른다. 그러니 쉽게 단정 짓지는 말자.

브라질 밀림에 사는 작은 양서류는

형광 뼈를 가지고 있다.

형광개구리

16

형광빛 대화

남아메리카에는 형광개구리가 있다. 자외선등을 켜고 보면 푸른색으로 보이는 이 개구리들은 무슨 목적으로 피부에서 자외선을 내뿜는 것일까? 브라질 열대 우림에는 뼈가 형광인 개구리도 있다. 이들은 머리뼈와 엉덩이뼈 부근이 푸른색으로 보인다. 이들은 왜 뼈가 형광일까? 과학자들은 여러 가지 가설을 내세우고 있다. 같은 종끼리만 알아볼 수 있는 파장의 형광빛을 발산하면 암수가 짝짓기를 하는 데 도움이 되거나 독이 있다는 표시로 자외선을 발산해 포식자에게 경고를 보내는 데 도움이 된다는 것이다.

이것은 꽤 그럴듯한 가설로 반디를 생각하면 이해가 안 가는 것도 아니다. 반디는 여러 종이 한 장소에 서식하는데 이들은 빛을 내는 주기를 달리해 같은 종을 찾는다. 그러니 개구리들도 여러 종이 섞여 있을 때 같은 종을 찾기 위해 대화하는 수단이 필요하다는 것이다. 소리는 다른 포식자에게 들키기 쉬우니 형광빛으로 대화하는 것이 이 개구리들의 전략이다. 정말 멋지다.

3장

최첨단 과학으로도 이런 건 어렵지

인간은 창의적인 무언가를 만들거나 개념을 세울 때 동물, 식물, 환경으로부터 많은 영감을 얻는다. 아니다, 사실 영감을 얻는다는 것은 아주 세련되게 표현한 것이고 베낀다는 표현이 더 솔직할지도 모른다. 동물들이 지니고 있는 다양한 신체 구조와 습성을 복사해 인간의 삶에 옮겨 오려면 우리의 기술이 더 발달해야 가능한 경우가 많다. 최첨단 과학 기술로도 따라잡기 버거운 동물의 능력에 대해 알아보자.

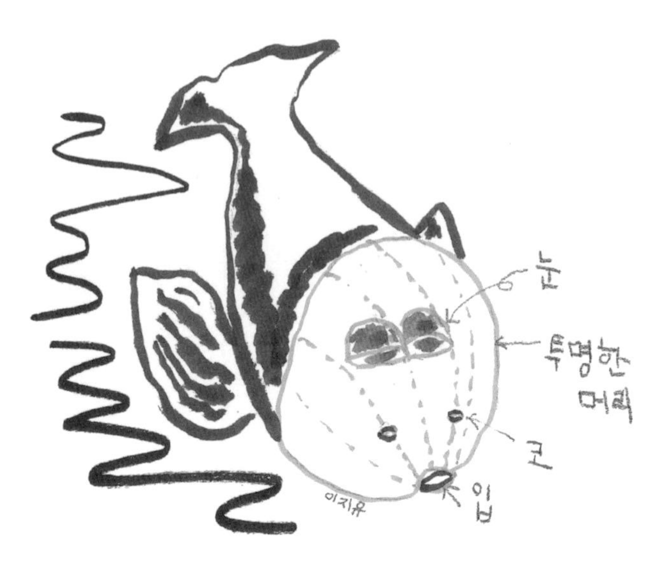

심해에 사는 데메니기스는
투명한 머리속에 눈이 들어 있는데
눈은 마치 투명우주선의 조종사처럼
앞, 좌우, 위를 볼수 있는 것은 물론,
먹이를 보는 순간 어느 방향으로든
바로 갈 수 있다.
(이거야말로 꿈의 전투기 네!)

데메니기스

1

투명 우주선 만들기

빛이 거의 없는 심해에서 누구보다 높은 확률로 살아남을 수 있는 방법은 남다른 시력을 갖는 것이다. 거기에 넓은 시야를 가지고 있다면 더 좋고 수영을 잘하면 더욱 좋은데, 수영을 하다 방향까지 정확하게 바꿀 수 있으면 완벽한 심해 생물이 된다.

데메니기스는 이와 같은 조건을 다 갖춘 놀라운 심해 물고기다. 일단 머리 부분이 훤하게 들여다보이는 투명 반구처럼 생겼다. 사실 이 부분에서 게임은 끝났다고 볼 수 있다. 앞부분에 있는 눈처럼 보이는 구멍 2개는 눈이 아닌 코이고 반구 속에 위를 보고 있는 파란색 공 2개가 눈이다. 이들은 위에서 내려오는 빛을 좀 더 많이 모으고자 이와 같은 구조를 가지게 되었고 반구 형태의 눈이라 시야 또한 넓다. 게다가 순발력까지 뛰어나다. 거기에 SF영화에 나올 것 같은 세련된 디자인까지! '님 좀 짱'인 듯!

호주에 사는 피츠로이 강 거북은
항문으로 물을 빨아들여 산소를
얻는다. 물론 코와 입으로도 숨을 쉰다.

피츠로이강거북

2

항문으로 숨 쉬기

인간처럼 코와 입으로 공기를 들이마셔 산소를 얻는 방식은 매우 위험하다. 산소를 공급받을 수 있는 통로가 모두 얼굴에 모여 있어 유사시에 비상 호흡을 할 방법이 없는 것이다. 인간은 아가미가 있는 것도 아니고 고래처럼 덩치가 커서 한 번에 많이 들이마시는 것도 아니며 그렇다고 개구리처럼 피부 호흡이 가능한 것도 아니다. 하지만 피츠로이강거북을 보면 무언가 영감을 얻을 수 있다. 이들은 항문으로도 호흡을 한다. 놀랍지 않은가!

거북 역시 아가미가 없다. 이들은 물에서 살기는 하지만 숨을 쉬기 위해 반드시 물 위로 한 번씩 머리를 내밀어야 한다. 피츠로이강거북은 신체의 한계를 극복하고자 항문으로 물을 빨아들여 산소를 거른 뒤 물을 다시 내보내는 신통한 방법으로도 호흡을 한다. 항문이 아가미와 같은 역할을 하는 것이다. 인간들은 이 거북이 항문으로 숨을 쉴 수 있다는 사실은 알아냈지만 어떻게 그런 일이 가능한지는 아직 밝혀내지 못했다. 방법을 알아낸다 하더라도 인간이 따라 하기는 힘들 것이다. 아닌가? 그건 또 모를 일일까? 어쨌거나 세상에는 기발한 적응력을 지닌 동물이 많다는 사실에 새삼 놀랄 수밖에 없다.

하마처럼 천연 햇빛 차단제와 항생 물질
히포수도릭산과 노르히포수도릭산이 분비되면
좋겠다. 근데 나올 거면 하마같은
붉은색 말고 베이지 23호면 좋겠다.

하마

3

땀으로 화장품 만들기

육상 동물 중에서 코끼리 다음으로 큰 덩치를 자랑하는 하마! 육상 최강자 중 한 종이지만 하마는 피부가 너무나 약해 낮에는 대부분 물속에 몸을 담그고 눈과 코만 내놓은 채 시간을 보낸다. 물속에 있으면 햇빛을 덜 받기 때문이다. 그럼 물이 다 마르면 어찌할까? 하마에게는 또 다른 능력이 있다. 바로 땀을 흘리는 능력이다. 그것도 그냥 땀이 아니다. 하마의 땀은 그 자체가 햇빛 차단제이자 항생 연고다.

놀랍게도 하마는 붉은 땀을 흘린다. 하마의 피부에서 솟아나는 붉은색 물과 주황색 물이 땀이라는 것을 몰랐던 19세기 사람들은 하마가 피땀을 흘린다고 여겼다. 그러나 사람들의 생각과 달리 붉은색 땀에는 히포수도릭산, 주황색 땀에는 노르히포수도릭산이 포함되어 있는데, 이것이 바로 선블록 크림이고 항생 연고인 것이다. 그래서 하마는 뜨거운 햇빛에 노출되거나 가시덤불에 긁혀도 상처가 덧나지 않고 금방 아문다.

남극빙어는
피가 투명하다!

남극빙어

4

투명한 피 갖기

남극빙어는 척추동물 가운데 유일하게 피가 투명하다. 이는 핏속에 산소를 옮겨 주는 헤모글로빈이 없기 때문이다. 남극빙어의 입장에서 보자면 산소가 풍부한 추운 바다에서 헤모글로빈 따위로 산소를 옮기는 것은 효율이 낮은 삶의 방식일 것이다. 그래서 그들은 헤모글로빈을 과감히 버리고 인간은 아직 알 수 없는 방식으로 체내 산소를 나른다.

게다가 이들은 몸속에서 산화 작용을 일으키는 유해한 활성 산소를 신속하게 처리할 수 있는 유전자를 다른 동물보다 15배나 많이 가지고 있는 것으로 알려졌다. 인간들은 이래저래 부러운 점이 많은 이 물고기의 비밀을 파헤쳐 혈액과 관련된 병을 치료하는 방법을 찾고, 겨울철 양식장에서 얼어 죽는 어패류를 살리려고 애쓰고 있다. 그런데 가만 보면 어쩐지 후자에 더 열을 올리는 것 같다.

순록은 자외선을 볼 수 있어
곰이 오줌누고 간 자리를 보며,
여름에는 황금색 겨울에는
파란색으로 변하는
신비한 눈의 소유자다.

5

계절에 따라 눈 색깔 바꾸기

산타의 친구 루돌프로 잘 알려진 순록은 사슴과 동물 중 유일하게 인간의 손에 의해 가축화되었다. 원래 성격이 순하기도 하지만 야생에서 부족하기 쉬운 비타민과 염분을 인간에게 얻기 시작하면서 가축화되었다. 그러나 야생에도 순록은 여전히 살아 있다.

순록의 놀라운 점은 여름과 겨울에 눈의 색이 바뀐다는 것이다. 눈의 색이 바뀌는 이유는 순록의 눈 안쪽에 있는 망막에서 빛을 선별해 받아들이거나 반사시키기 때문이다. 빛의 양이 많은 여름에는 빛을 조금만 받아도 되므로 남는 빛이 눈 안에서 산란을 일으킨 뒤 모두 반사되어 황금색으로 보이고, 빛이 부족한 겨울에는 대부분의 빛을 흡수하고 파장이 짧은 파랑만 반사해 파란색으로 보인다. 빛의 양에 따라 망막에 분포한 시신경의 밀도를 바꿀 수 있다는 것도 신기하지만 무엇보다 눈의 색이 계절에 따라 조절된다는 것 때문에 서클 렌즈 같은 것으로 눈 색을 바꾸려는 인간들의 부러움을 한 몸에 받고 있다.

나비의 다리에는
맛을 느끼는 감각 기관이 있다.

6

먹지 않고 음식 맛 맞히기

인간은 음식의 맛을 오직 혀로만 느낄 수 있다. 물론 후각이 중요한 역할을 하지만 기본적으로 음식을 입에 넣고 우물우물 씹으면서 혀의 맛봉오리에 있는 맛 수용체에 자극을 주어야 맛을 느낄 수 있다. 사실 이런 방식은 어린이들에게 매우 불리하다. 오랜 경험으로 다양한 음식을 경험한 어른은 모양과 재료만 봐도 맛을 추측할 수 있지만 그런 경험이 부족한 어린이는 오직 입에 넣고 씹어 봐야만 맛을 알 수 있기 때문이다. 그래서 어른들이 맛있다고 속인 뒤 맛없는 음식을 먹일 수 있는 것이다.

사람의 손가락에 맛을 느끼는 세포가 있다면 어떨까? 음식에 단순히 손을 대 보기만 해도 맛을 알 수 있으니 입속에 넣었다 뱉는 일은 없을 것이다. 그런데 그런 동물이 있다. 바로 나비다. 나비는 앞발에 맛을 느끼는 감각 기관이 있어 음식 위에 잠시 앉거나 앞발을 잠깐 대는 것만으로도 당분이 충분한 먹이인지 알 수 있다. 인간도 맛을 추측하는 인공 지능이 장착된 얇은 장치를 만들어 손가락에 붙여 보면 어떨까?

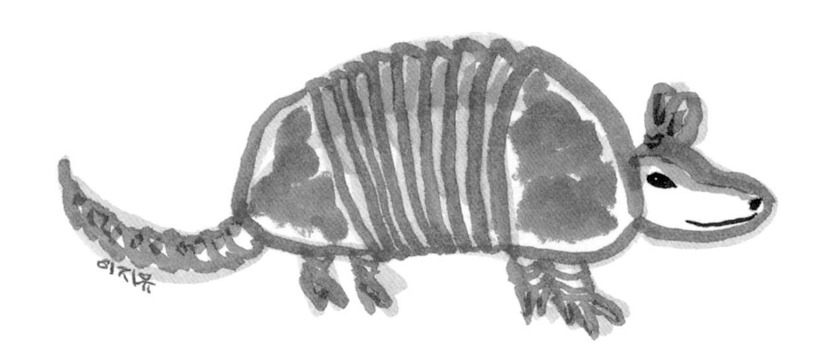

아홉띠아르마딜로는 항상
일란성 네 쌍둥이로
태어난다.

7

언제나 네쌍둥이

보통 아르마딜로는 몸을 둥글게 말아 방어한다고들 알고 있는데, 띠가 9개나 되는 아홉띠아르마딜로는 그렇게 할 수 없다. 복부가 다소 두텁고 등껍질이 충분히 벌어지지 않기 때문이다. 그래도 몸을 조금이라도 구부리면 약한 복부를 보호할 수 있으므로 적을 만나면 어떻게든 몸을 쭈그려 적이 포기하기를 기다린다. 몸을 공처럼 마는 것은 세띠아르마딜로다.

아르마딜로는 놀랍게도 항상 일란성 쌍둥이로 태어난다. 그것도 네쌍둥이로 태어난다. 당연히 네 마리 모두 유전자가 같다. 포유류 가운데 일란성 쌍둥이를 기본으로 낳는 동물은 아르마딜로가 유일하다. 저출생 시대라 형제자매가 없는 경우가 많은 현대인들 입장에서는 아르마딜로가 조금 부러울 수도 있겠다. 기본이 네쌍둥이니까.

파랑비늘돔

8

똥으로 섬 만들기

파랑비늘돔, 이 물고기는 돌을 먹는다. 파랑 바탕에 분홍색 무늬가 있는 이 아름다운 물고기는 아무 돌이나 먹지 않는다. 산호를 먹는다. 튼튼한 턱과 이로 죽은 산호를 우적우적 부숴 먹은 뒤, 그 속에 있는 유기물은 소화해 양분을 얻고 소화시킬 수 없는 부분은 배설한다. 떼를 지어 지나가는 파랑비늘돔 무리 뒤는 언제나 이들이 싸는 똥으로 그득하다. 똥을 얼마나 많이 싸는지 그 똥으로 섬을 만들 수 있을 정도다.

산호들은 바닷속에서 이 고운 모래 같은 똥을 바탕으로 다시 산호의 뼈대를 만들어 번창한다. 고운 모래는 물살에 밀려 일정한 장소에 모이고 모여 어느 날 바다 위로 머리를 내밀고 섬이 된다. 바다 위로 솟아난 섬에서는 어디선가 날아온 씨앗이 싹을 틔워 식물군이 형성된다. 식물이 있으니 새가 날아들고 어디서 왔는지 알 수 없는 동물도 살기 시작한다. 이 생태계를 주무르는 것이 파랑비늘돔이다. 모든 것이 이들이 싼 똥으로 시작되었으므로.

머리를 거의 다 차지하고 있는 잠자리눈은
이만오천 개의 렌즈로 이루어져 있어
15미터 앞에 있는 먹이를 정확히 보는데
사람으로 치면
세종 대왕 동상에 서서 광화문 우체국에 있는
피자(레귤러 사이즈)를 알아보는 것과 같다.

9

완벽하게 비행하기

잠자리는 우리가 알고 있는 것보다 훨씬 놀라운 동물이다. 잠자리의 눈은 머리 대비 매우 큰데, 시야가 넓고 사냥감의 움직임을 파악하는 데 매우 유용해 잠자리의 사냥 성공률은 무려 95퍼센트에 달한다. 마음만 먹으면 다 잡을 수 있다는 소리다.

이들의 사냥 능력이 이렇게 놀라운 이유는 각기 따로 노는 두 쌍의 날개와 한쪽에만 1만 개가 넘는 눈으로 이루어진 겹눈 덕분이다. 날개에는 각기 6개의 근육이 관절 형태로 연결되어 있어 급속히 방향을 바꿀 수 있는 것은 물론 시속 100킬로미터에 가까운 속력으로 날아갈 수 있다. 이들의 비행 실력이 어찌나 훌륭한지 인간들은 잠자리의 비행 방법을 무단으로 도용해 헬리콥터라는 날것을 만들었는데, 잠자리만큼 잘 날지는 못한다.

소는 머리를 북쪽에
두고 풀을 뜯는다.

소

10

느낌으로 북쪽 찾기

어찌된 일인지 모르겠으나 소들은 머리를 북쪽에 두고 풀을 뜯는다. 왜 북쪽인지는 차치하고라도 소는 어떻게 북쪽을 아는 걸까? 지구는 큰 자석이라 자석에 극이 있는 것처럼 지구에도 N극 S극이 있다. 이를 땅 지(地) 자를 써서 지자기라고 한다. 그런데 지구는 좀 변덕스러워 이 극이 자주 바뀐다. 물론 지구의 시간 개념에서 자주라는 뜻이지 몇 시간 만에 바뀐다는 뜻은 아니다. 지자기는 수십만 년을 주기로 바뀌는데, 이를 지자기 역전이라고 한다. 아마 이 지자기가 소에게 영향을 주는 듯하다. 그 말은 소에게 자기장을 느끼는 능력이 있다는 뜻이다.

정확한 해부학적 이유는 알 수 없으나 지자기를 느끼는 동물은 많이 있다고 추측하고 있다. 그렇지 않으면 그 많은 철새가 어떻게 정확하게 방향을 찾아 매년 같은 길을 오가겠는가? 게다가 태양에서 자기폭풍이 불어와 지구의 자기장이 교란되면 새들은 길을 잃고 엉뚱한 곳으로 날아간다. 돌고래 같은 바다 동물도 길을 잃는다. 21세기 과학으로도 이 동물들의 능력은 아직 미스터리!

새는 머리에 쇠 같은 걸 넣는
그런 쪼잔한 방법으로
자기장을 느끼는게 아니고
그냥 본다!

11

자기장 보기

새들에게 지구 자기장을 아는 것은 매우 중요하다. 수천 킬로미터를 날아 알을 낳고 다시 되돌아 날아 먹이를 얻는 여행을 잘하려면 이들에게도 지도가 필요하다. 그동안 과학자들은 새의 머릿속에 쇠가 있어서 자기장을 느끼고, 그 자기장을 이용해 길을 찾는다고 여겼다. 그러나 비둘기에게 GPS를 달아 다년간 연구한 결과 비둘기들은 지상에 있는 지형지물을 보고 집을 찾아간다는 사실이 드러났다. 자기장을 느끼기 때문에 집을 찾아간 것이 아니었다.

그러나 새들은 자기장을 분명 알고 있다. 어떻게? 그냥 본다. 우리로서는 도저히 상상할 수 없고 현대의 과학으로도 구현할 수 없는 어떤 방법으로 자기장을 보는 것이다. 만약 인간에게 자기장을 보는 능력이 생긴다면 정말 혼란스러울 것이다. 있는 것도 제대로 못 보는데 자기장까지! 그냥 못 보는 것을 다행으로 여기자.

고래

12

아낌없이 주는 존재

하와이대학의 해양학과 교수인 크레이그 스미스는 거대한 고래의 사체를 합법적으로 구입해 바다에 가라앉혔다. 일정한 간격을 두고 바다 아래로 내려가 고래의 사체가 어떻게 분해되는지 관찰했다. 가장 먼저 나타난 손님은 먹장어들과 상어들, 납작한 새우처럼 생긴 단각류다. 이들은 고래의 부드러운 살을 90퍼센트 정도 먹어 치우는데, 150톤 정도 나가는 고래는 18개월이면 뼈만 남는다. 이렇게 살이 다 사라지고 난 후 찾아오는 손님은 다모지렁이와 달팽이다. 이들은 주변에 흩어진 살점을 찾아 알뜰하게 먹고, 다 먹으면 다시 느릿느릿 다음 식당으로 옮겨 간다. 이렇게 주변마저 정리가 되면 좀비지렁이가 공생 관계인 미생물과 나타나 고래 뼈에 몸을 붙이고 뼈에 포함된 지방을 거의 먹어 치운다. 이렇게 해서 단단한 부분만 남으면 박테리아가 나타나 뼈를 분자 수준으로 분해하는데, 이들이 하도 두껍게 뼈를 덮어 고래의 뼈는 푹신해 보이기도 한다. 이렇게 박테리아까지 만족시키고 나면 뼈의 남은 부분은 산호나 조개 등 무언가에 부착해서 살아야 할 생물들의 디딤돌이 되어 새로운 바다 건축물의 기초가 된다. 고래 한 마리의 사체는 수없이 많은 동물에게 새로운 삶의 기회를 제공하는 셈이다. 이보다 가치 있는 죽음이 또 있을까.

4장

그냥 개성이라고 해 두자

동물에게도 개성이 있다. 인간은 그동안 가장 똑똑한 동물이라 스스로 칭하면서 놀이, 취미, 문화는 인간의 전유물인 양 행동해 왔다. 그러나 동물의 세계를 집요하게 관찰한 동물학자들의 주장에 따르면 동물에게도 개체마다 성향이라는 것이 있는 것 같다! '같다'라고 표현한 것에 주목해 주기를 바란다. 인간으로서는 도저히 이해할 수 없거나 놀랍기만 한 행동을 살펴보고 왜 이런 행동을 하는지 곰곰이 생각해 보자. 어쩌면 동물도 개성을 표현하고 싶은 것은 아닐까?

마다가스카르에 사는 여우원숭이는
노래기의 분비물을 몸에 발라
벌레를 쫓는다는데,
원숭이는 부작용을 더 즐기는 듯하다.
(환각에 빠지는)

여우원숭이

1

노래기에 취한다

파도타기 하는 것처럼 보이는 돌고래, 물가에 머리를 처박고 뒹굴거리는 아기 코끼리, 눈이 쌓인 비탈 위에 올라가 스스로 미끄러져 내리는 개를 보고 있노라면 저런 행동이 먹고사는 데 무슨 도움이 되는지 고개를 갸웃거리게 된다. 마다가스카르에 사는 갈색여우원숭이는 어떤가! 원숭이는 자기 꼬리만 한 굵기의 노래기를 잡아먹는데, 그때 노래기를 반으로 잘라 거기서 나오는 즙을 머리와 온몸에 바르는 행동을 즐긴다.

동물을 사랑스러운 눈으로 보는 동물학자들은 노래기의 체액에 벌레가 싫어하는 성분이 있어서 원숭이가 이런 행동을 한다고 분석했다. 그런데 이 원숭이들이 먹는 나뭇잎 가운데는 그런 성분을 지닌 것이 이미 있다는 점에서 이 설명은 매우 의심스럽다. 더군다나 노래기의 체액을 몸에 바른 후, 두 눈동자에 초점을 잃고 나무에 축 늘어진 채 몸을 가누지 못하는 원숭이들의 모습을 보고 있노라면, 뭔가 다른 목적으로 노래기를 활용한다는 의심을 버릴 수 없는 것이다.

패션리더 메리리버거북은
펑크스타일 초록 가발을
쓰고 다닌다.

메리리버거북

2

초록 가발을 쓴 멋쟁이

오스트레일리아 동북쪽 퀸즐랜드에 있는 메리강에 살고 있는 메리리버거북은 머리털이 감소하는 인간들로부터 부러움을 사고 있다. 그렇다, 이들에게는 머리털이 있다. 그것도 멋진 초록색 머리카락이! 물론 이 머리카락은 진짜가 아니지만 그렇다고 가발도 아니다. 모히칸족을 떠올리게 하는 메리리버거북의 머리카락은 거북에게 붙어사는 조류다. 이 식물이 어쩌다 거북의 몸에 붙어살게 되었는지 모르겠으나, 태어나서 한곳에만 머물러야 하는 것이 일반적인 식물의 입장에서 보자면 매우 훌륭한 선택임이 틀림없다. 거북은 햇빛이 잘 드는 물 위를 수시로 드나들 것이니 광합성을 해야 하는 조류의 입장에서는 이보다 훌륭한 통근 버스가 없다. 거북은 거북대로 얻는 것이 있다. 이 식물성 가발은 어느 정도 보온 효과가 있다. 게다가 멋스럽다. 풀은 이동 수단을, 거북은 보온과 스타일을 얻었으니 훌륭한 공생 관계다.

그러나 안타깝게도 이 멋진 동물은 멸종 위기종이다. 인간들은 포유류처럼 크고 잘생긴 동물의 멸종에 대해서는 민감하게 반응하는 반면, 파충류나 양서류의 멸종에 대해서는 덜 민감하다. 이 거북이 멸종하면 초록 머리털도 멸종한다. 한 동물에게 관심을 두면 식물도 한 종 살릴 수 있는 것이다. 일거양득이 바로 이런 것 아닌가!

고양잇과입니다만
재규어는 물을 좋아해.

재규어

3

물놀이를 좋아해요

인간들은 아메리카 대륙에 사는 재규어보다 자동차 브랜드 재규어에 더 관심이 많은 것 같은데, 사실 재규어는 동물이 먼저 있었고 자동차가 나중에 따라 했다는 점을 강조하고 싶다. 그러니 자동차 회사는 이름 사용료를 내야 하는데, 과연 그러고 있는지 의심스럽다. 아무튼 재규어는 아메리카 대륙에만 살며, 사자와 호랑이 다음으로 덩치가 큰 고양잇과 동물이다. 표범과 유전적으로 매우 가깝지만 아프리카에 사는 표범보다 덩치가 훨씬 크고 위압적이다.

고양잇과 동물이 물을 싫어한다는 생각과 달리 재규어는 물에 들어가는 것을 좋아한다. 고양잇과 동물은 대부분 모공에서 기름이 나와 털을 코팅하기 때문에 때가 타지 않아 굳이 목욕을 할 필요가 없다. 그럼에도 물에 들어간다는 것은 '물을 좋아해서!'라고밖에 달리 생각할 수 없다. 물론 인간 가운데 재규어를 인터뷰하거나, 재규어가 물놀이에 대해 어떤 견해를 가지고 있는지 직접 들은 이는 없다. 그저 재규어가 사는 곳을 열심히 관찰했더니 이 멋진 동물이 제법 자주 물에 들어가 수영을 하더라는 것을 알아낸 것뿐이다.

고양이가 모든 설치류를
사냥할 수 있는 건 아니다.

4

때때로 온천욕

설치류라고 하면 손바닥보다 작은 크기에, 땅굴을 파고 사는 동물을 상상하기 쉽다. 그런데 그런 편견을 확실하게 깨 주는 설치류가 있다. 바로 카피바라! 남아메리카가 고향인 카피바라는 외모는 쥐를 닮았으나 꼬리가 없고 몸길이 1미터에 몸무게는 40~50킬로그램에 이르는 설치류계의 거인이다. 털은 뻣뻣하고 수영을 잘해 물속에 들어가 코만 내놓고 자기도 하는데, 일본에 사는 카피바라는 몸을 녹이기 위해 온천욕을 하는 경우도 종종 있다.

친화력이 매우 좋아 자기를 해치지 않는다는 확신만 있으면 사람이 다가가도 가만히 있고 만져도 저항하지 않는다. 야생에서는 재규어나 퓨마와 같은 동물에게 쫓기고, 좋아하는 물에서는 악어와 아나콘다에게 쫓기는 생태계의 낀 계층이다. 다시 말해 이들이 사라지면 남아메리카 생태계에 매우 큰 혼란이 올 만큼 중요한 동물이다. 큰 동물의 먹이가 사라지기 때문이다. 설치류의 거인답게 고양이를 봐도 그다지 겁내지 않는데, 동물이나 사람이나 일단 덩치가 커야 겁낼 일이 적다는 것을 확인해 주는 듯하다.

바다악어 (saltwater crocodile)는
유유히 바다를 건넌다.

5

'브런치'는 인도에서

악어는 상어, 가오리, 거북과 함께 매우 오래 이 지구상에서 살고 있는 동물이다. 크기와 모습과 습성이 다양한 이 생물이 3억 년 이상 지구에서 살았다는 것은 그리 놀랄 일이 아니다.

바다악어는 바다를 유유히 헤엄쳐 인도와 인도네시아를 오간다. 악어가 바다를 건넌다는 것이 사람들에게는 매우 신선하게 느껴질 수 있다. 악어라면 강이나 늪에서 눈만 내놓고 지나가는 소나 양이 없나 기다리고 있는 음흉한 모습이 먼저 떠올라서 그렇다. 그러나 우리가 악어의 이런 모습만 알고 있는 것은 다큐멘터리를 만드는 사람들이 바다악어를 따라 바다를 다닐 능력이 없어서이지 모든 악어가 강에 가만히 웅크리고 있기 때문이 아니다.

쿠바악어는 강력한 꼬리 근육을 이용,
물 표면을 내리치며 점프해
새도 잡아먹는다.

쿠바악어

6

특기는 점프 취미는 꽃놀이

악어는 강이나 늪에 눈과 코를 내놓고 매복해 있다가 물을 먹으러 온 동물을 공격해 잡아먹는 것으로 잘 알려져 있다. 하지만 모든 악어가 그런 방식으로 먹고사는 건 아니다. 쿠바악어는 강력한 꼬리 근육으로 물을 차고 올라 나뭇가지에 앉은 새나 낮게 날고 있는 새를 잡아먹는다.

악어목 크로커다일과에 속하는 쿠바악어는 오직 쿠바에만 서식하는 멸종 위기종으로 다른 종과 달리 점프로 몸을 바닥에서 번쩍 띄울 정도로 사지의 힘이 좋고 매우 빨리 뛴다. 이들은 악어 중에서도 지능이 가장 좋은데, 인간에게 보호를 받고 있는 쿠바악어들은 사육사를 알아보는 것은 물론 혼자 있을 때는 꽃을 주둥이 끝에 올려놓고 놀기도 하는, 취미라는 것을 아는 세련된 동물이다. 이들의 수가 늘어 다른 지역에 사는 악어와 교류하게 되면 다른 악어들도 취미를 가지는 쪽으로 진화하게 될까?

갈라파고스의 울프섬에 사는 흡혈되새는
(vampire ground finch)

(Nazca booby)
얼가니새와 푸른발얼가니새의
(blue-footed booby)

피를 빨아먹고 산다.

덧: 그런다고 얼가니새가 흡혈되새로
변하는 것은 아니다.

흡혈되새

7

뱀파이어가 된 새

새는 정말이지 놀라운 동물이다. 일단 이들은 크든 작든 하늘을 난다. 이 능력 하나만으로도 충분히 인간의 부러움을 사지만 더 놀라운 것은 적응력이다. 몸집이 작은 새들 가운데 어떤 종은 힘들게 사냥을 하지 않고 먹고 사는 방법을 아주 잘 알고 있다. 바로 덩치가 큰 육상 동물의 몸에 붙은 기생충을 잡아먹는 것이다. 머리가 좋은 이들은 기생충을 발견하는 즉시 잡아먹는 무식한 짓을 하지 않는다. 기생충이 덩치 큰 동물의 피를 잔뜩 빨아들여 통통하게 불어날 때까지 느긋하게 기다린다. 그리고 흡! 덩치 큰 동물의 입장에서 보자면 새에게 피를 상납하는 셈이지만 가렵고 귀찮은 기생충을 떼어 주니 그 정도 대가는 지불할 수 있다. 제삼자 입장의 우리도 이 정도는 상도에 어긋나지 않는다고 여긴다.

그러나 흡혈되새는 주고받는 것이 아니라 빼앗아 가는 방법을 쓴다. 이 교활한 새는 동물의 피부를 살짝 마비시킨 뒤 피를 빨아 먹는다. 너무 빠르게 많이 빨면 동물이 알아채므로 아주 적절한 타이밍과 양을 맞추어 최대한 들키지 않고 피를 빤다. 이런 능력이 놀랍긴 하나 칭찬을 해야 할지는 잘 모르겠다.

독이 있는 뱀은 물고
독이 없는 뱀은 감는다.

뱀

8

물거나 혹은 감거나

뱀이라고 다 독이 있는 것은 아니다. 몸길이가 5~6미터에 육박하는 초록아나콘다는 독이 없다. 그 대신 한쪽 방향으로 비늘이 나 있어 사냥감을 휘감아 한번 조이면 다시 풀어지지 않는다. 이 거대한 뱀에게 잡힌 동물은 대부분 숨을 못 쉬어 질식해서 죽는다. 그러나 몸길이가 1미터에도 미치지 못하는 작은 뱀들은 사냥도 사냥이지만 자신을 지키는 방어 전략을 가지고 있어야 한다. 또 다른 동물의 먹이가 될 수 있기 때문이다. 그래서 크기가 작은 뱀들은 스스로 독을 만든다.

모두 알고 있겠지만 독이 있는 뱀은 독을 주입하기 위해 한 쌍의 기다란 이를 가지고 있다. 그래서 독사에게 물리면 구멍이 2개 난다. 뱀에 물린 곳에 구멍이 2개 있다면 멀뚱멀뚱 보고 있지 말고 물린 곳을 심장보다 낮게 한 뒤 물린 곳과 심장 사이를 수건이나 끈으로 꽉 묶고 병원으로 가야 한다. 너무 흥분하면 독이 빨리 퍼지므로 '괜찮다'를 반복하며 진정해야 하고 독을 빼내겠다고 입으로 빨아내는 일은 절대 하면 안 된다.

독이 없는 아나콘다에게 물리면 독이 퍼질 걱정은 없지만 뱀의 이 개수만큼 수십 개의 구멍이 뚫리면서 피가 막 나온다. 게다가 독은 없지만 균이 많아서 감염되어 죽을 수도 있다. 그러니 독사든 아니든 뱀에게는 물리지 않는 것이 상책이다.

쏙독새는 낮에는 다소곳이 있다가
밤이 되면 큰 입을 벌리고 날아다니며
걸려든 벌레를 먹는다.

쏙독새

9

입을 벌리고 날다

인간이 보기에 가장 편하게 한 끼를 해결하는 동물은 대왕고래다. 몸길이 최대 33미터, 몸무게 최대 179톤의 대왕고래는 지구 생명의 역사를 통틀어 가장 큰 동물이지만 놀랍게도 아주 작은 플랑크톤을 먹고 산다. 다큐멘터리나 인터넷 동영상을 검색해 보면 대왕고래가 먹이를 먹는 모습을 어렵지 않게 볼 수 있는데, 그 방법은 매우 간단하다. 입을 크게 벌리고 플랑크톤 떼가 있는 곳을 지나가며 마치 진공청소기처럼 거대한 플랑크톤 무리를 깔끔하게 빨아들인다. 정말 간단하지 않은가?

이와 비슷한 방법으로 밥을 먹는 새가 있다. 바로 쏙독새. 입을 꼭 다물고 있는 쏙독새를 보면 너무나 얌전하고 귀여워 보이지만 이 새가 입을 벌리면 완전히 다른 새가 된다. 사람과 견주어 말하자면 입이 귀밑까지 찢어져, 영화 「이상한 나라의 앨리스」에 나오는 고양이와 너무 닮은 모습이 되어 버린다. 게다가 벌린 입 내부의 색이 선명한 분홍색이라 더욱 섬뜩하다. 아무튼 이 새는 이렇게 입을 쩍 벌린 채로 날아다닌다. 왜? 날벌레를 잡으려고! 날벌레들이 떼 지어 날아오르는 시간이 되면 쏙독새들도 날아오른다. 큰 입을 벌리고.

다이아몬드를 두르고 나타난
신종 거미.
반짝임이 너무 신비롭네! 근데,
알고보니 그것은 새끼들의 눈.
보석을 업고 다니는 늑대거미.

늑대거미

10

거미의 보석

동물들이 새끼를 기르는 방식은 다양하지만 운동성이 떨어지는 새끼들을 데리고 다니는 방식은 거의 통일되어 있는데, 바로 업고 다니는 것이다. 사람을 비롯해 많은 동물이 새끼를 등에 태우고 다닌다.

늑대거미는 알을 낳으면 거미줄로 꾸러미를 만들어 달고 다니다 시간이 흘러 새끼들이 알을 까고 나오면 며칠 동안 등에 태우고 다닌다. 이때 어미 늑대거미는 매우 화려해 보이는데, 반짝이는 보석이 등에 잔뜩 붙은 것처럼 보이기 때문이다. 반짝이는 것은 새끼들의 눈이다. 늑대거미는 4개의 보조 눈을 포함해 모두 8개의 눈을 가지고 있다. 새끼들도 한 마리당 8개의 눈이 있다. 그러니 어미가 열 마리만 등에 태우고 있어도 80개의 눈이 반짝이는 것이다. 어미에게는 세상에서 가장 귀중한 보석임이 틀림없다.

끈이빨부리고래는 남성 호르몬 탓에
끈 모양 이빨이 지나치게 자라
위턱을 묶는 바람에, 입이 크게
벌어지지 않아 작은 오징어만
'호록' 빨아 먹는다.

끈이빨부리고래

11

고래의 피어싱

매우 특이한 피어싱을 한 고래가 있다. 끈이빨부리고래 중 수컷 고래들은 남성 호르몬이 지나치게 분비되어 본인들의 의사와는 관계없이 납작하고 긴 이빨이 자라나 부리 밖으로 튀어나온다. 이빨이 계속 자라 부리를 둘러싸는 바람에 마치 부리에 가락지를 끼고 있는 것처럼 보인다.

이 독특한 고래는 한 번도 사람에게 포획된 적이 없고 그저 먼발치에서 보인 것이 전부라 인간은 끈이빨부리고래에 대해 아는 것이 거의 없다. 다만 부리에 가락지를 닮은 피어싱을 한 수컷 고래들은 입을 크게 벌릴 수 없어 몸길이 3미터에 이르는 거구임에도 작은 오징어나 물고기를 호로록 빨아 먹을 수밖에 없다는 사실 정도만 알고 있다. 그래서 매우 불쌍하다는 사실도!

야 자 잎 검은유황앵무새는
리듬을 치며 노래를 부른다.

야자잎검은유황앵무새

12

드럼의 명수

골리앗앵무새라고도 불리며 앵무새 중에서 가장 덩치가 큰 야자잎검은유황앵무새는 빨간 뺨이 특징이다. 참, 특징이 하나 더 있는데 드럼의 명수다. 새들 가운데는 도구를 이용하는 종들이 있는데 대부분 먹이를 잡는 데 사용하는 정도이다. 우리가 아는 한 나뭇가지로 리듬을 치는 새는 야자잎검은유황앵무새가 유일하다.

과학자들은 오스트레일리아 북부에 사는 수컷 야자잎검은유황앵무새 열여덟 마리가 연주하는 리듬을 모두 녹음해 분석에 들어갔다. 놀랍게도 이들은 각기 다른 스타일의 연주를 했으며 각 연주는 규칙성이 있었다. 즉 나중에 다시 연주해도 누가 연주한 것인지 알아차릴 수 있다는 뜻이다. 이는 매우 놀라운 일이다. 앵무새가 사람 말을 따라 할 정도로 지능이 좋다는 것은 이미 알려져 있는 일이지만 이들은 거기에 더해 리듬을 만들 줄 알고 그것을 기억한다. 게다가 로커를 능가하는 저 근사한 외모를 보라! 저런 차림으로 드럼을 멋지게 치면 참 매력적으로 보이지 않겠는가?

백상아리는 헤비메탈의
베이스 라인을 좋아한다.

백상아리

13

취향은 헤비메탈

소리는 물속에서 훨씬 빠르고 멀리 간다. 이건 당연한 것으로 물 분자들이 공기 중에 있는 분자보다 더 가까이 있기 때문에 그렇다. 그래서 육지에 사는 동물보다 물속에서 사는 동물이 소리에 훨씬 민감하다. 물론 물속은 육지보다 시야가 좋지 않아서 청력에 더 의지해야 하기 때문이기도 하다.

무엇이든 확인하기를 좋아하는 사람들은 이런 사실을 확인하기 위해 백상아리가 자주 지나다니는 바닷속에 해군이 쓰는 스피커를 넣고 헤비메탈을 틀었다. 그랬더니 상어들이 떼 지어 몰려오는 것이 아닌가! 아마 상어들은 태어나서 처음 듣는 음악일 텐데, 이렇게 흥미를 보인다는 것은 이들에게 리듬을 즐기는 본능이 있었기 때문일지도 모르겠다. 물론 누가 이렇게 시끄러운 음악을 트는지 보고 바로 응징하려고 몰려든 것일 수도 있다. 하지만 이로 인해 상어들 사이에 음악 문화가 생겨날지도 모르며, 미래에는 음악을 연주하는 상어가 나올지도 모른다고 조심스럽게 예상해 본다.

혹등고래는 콧구멍이 두 개라서

숨을 내쉬어 하트를 만들수 있다.

혹등고래

14

콧구멍도 가지각색

고래가 등의 콧구멍으로 뿜는 것은 물이 아니라 수증기다. 고래는 우리와 같은 포유류로 숨을 쉬어야 살 수 있다. 그런데 이 동물이 어마어마하게 크다 보니 폐 또한 엄청나게 크다. 단순히 몸무게로만 따져 봐도 평균 70킬로그램인 인간 남성이 한 번에 들이마실 수 있는 공기의 양은 3.5리터인데 몸무게 약 100톤인 고래는 인간보다 얼추 1,429배 정도 무거우므로 5,000리터에 이르는 공기를 한 번에 들이마신다. 이것이 얼마나 많은 양인지 모르겠다면 집에 있는 냉장고가 몇 리터인지 보고 5,000리터가 되려면 거기에 얼마를 곱해야 하는지 거꾸로 계산해 보면 된다.

이렇게 엄청난 양의 공기를 들이마시면 이 공기는 고래의 따뜻한 몸 안에서 데워진다. 고래가 이것을 내뿜으면 차가운 바깥 공기와 만나 수증기가 응축되어 작은 물방울이 되는데, 우리는 바로 이 물방울을 보는 것이다. 고래의 콧구멍은 종마다 달라, 내쉬는 숨이 만드는 수증기 덩어리의 모양도 다르다. 고래를 연구하는 과학자들은 이 모양을 다 외워 멀리서 이들이 숨 쉬는 것만 보고도 어떤 종인지 알아낼 수 있다.

돌고래는 친구의 이름을

부른다.

15

친구의 이름

고래들에게 언어가 있다는 것은 공공연한 사실이다. 이들은 무리별로 방언도 있고 다양한 의사소통을 할 수 있는 것으로 알려져 있다. 게다가 이들은 각 개체마다 이름이 있고 서로 이름을 부르기도 한다. 이것은 매우 놀라운 사실이다. 인간에게 이름이 어떤 의미인지 생각해 보라. 번호가 붙은 로봇이나 기계 또는 물건에 애착이 생기면 인간들은 이름을 지어 준다. 돈을 주고 사 온 인형에게도 이름을 붙여 준다. 모든 사물은 이름을 가지는 순간 생기를 가지고 그러면 인간들은 그것이 숨을 쉴 수 없음에도 살아 있다고 느낀다.

인간도 관계가 좋은 인간은 이름을 부르지만 그렇지 않은 인간은 대명사로 부른다. 돌고래가 각 개체를 부르는 특정한 음이 있다는 것은 나와 너를 구분할 수 있으며 관계를 중요하게 여긴다는 뜻이다. 그렇다면 돌고래는 싫은 친구를 어떻게 부를까? 하긴 부를 필요가 없겠다. 인간도 싫은 상대는 마주치기 싫으니 말이다.

바다쇠오리는 둥지 입구에
화장실을 따로 만든다.

16

볼일은 화장실에서

다큐멘터리를 보면 작은 섬 하나에 새들이 빽빽하게 모여 둥지를 틀고 알을 품고 새끼를 기르는 모습을 종종 볼 수 있다. 내레이터는 이 많은 새가 나빠지는 지구 환경에도 불구하고 훌륭히 새끼를 부화해 기르는 모습을 감동적으로 전한다. 우리는 그 모습을 보며 저 새들이 모두 살아남아 이 지구에서 사라지지 않기를 바란다.

그런데 만약 우리가 저 섬에 있다면 엄청난 냄새 때문에 좀 다르게 생각할지도 모른다. 새들은 섬에 계속 똥을 싼다. 싸고 또 싼다. 이렇게 싼 똥은 오랜 시간이 지나면서 굳고 화석화되어 인 성분이 풍부한 비료인 '구아노'가 된다. 그러나 그건 오랜 시간이 지났을 때 이야기고 당장은 냄새 때문에 괴롭다.

하지만 새들 중에도 깔끔한 새가 있다. 바다쇠오리는 둥지 근처에 화장실을 만들고 그곳에서만 볼일을 본다. 아무래도 둥지에 똥을 싸면 금방 부화한 새끼의 깃털이 더럽혀져 포식자의 목표가 될지도 모르기 때문에 미리 조심하는 것이다. 언제나 청결이 생존 확률을 높여 준다. 사람도 마찬가지다. 그러니 노상 방뇨 금지!

바다쇠오리 부리가 형광이라는 기사를
보고, 클럽 가려고 그러는 거라고 하면서
막 웃었는데, 그건 어두운 곳에서
엄마를 찾기 쉽도록 한 거라고 한
어린이 님, 잘못했어요. 반성합니다.

바다쇠오리

17

형광으로 빛나는 부리

바다쇠오리는 깔끔할 뿐 아니라 모습도 대담하게 바꾼다. 짝짓기를 하고 새끼를 키우는 동안 부리가 화려한 색으로 바뀌고 부리의 옆모습도 더 둥글게 변한다. 눈 주위에는 어두운 아이섀도를 칠한 것 같은 부분이 생겨 마치 우는 듯한 인상이 된다. 그러다 새끼가 커서 둥지를 떠나고 부모도 육지를 떠날 때가 되면 부리는 다시 짙은 회색으로 변하고 모양도 달라져 각진 부리가 된다. 또 눈 주위의 아이섀도 깃털도 사라져 동그란 눈이 된다. 우리는 검은 부리를 지닌 바다쇠오리의 모습을 보기 힘든데, 설명한 바와 같이 전혀 다른 모습으로 변해 섬을 떠나면 이듬해가 될 때까지 돌아오지 않기 때문이다.

최근 과학자들은 짝짓기 계절에 바다쇠오리의 부리가 색만 밝은 것이 아니라 자외선까지 내면서 형광으로 빛난다는 사실을 밝혀냈다. 이들이 번식기에 왜 형광 부리를 갖게 되었는지 아직 설득력 있는 이유는 밝혀지지 않았다. 이렇게 모르는 것이 있다는 점은 좋다. 아직 알아낼 것이 남아 있다는 뜻이므로.

5장

우리를 잘 안다고 생각했겠지만

인간은 약간 자만심이 센 편이라 자신들이 모든 것을 안다고 생각한다. 그러나 모든 인간은 우물 안 개구리며 그 우물이 조금 넓은 사람과 좁은 사람이 있을 뿐이다. 다행히 동물을 열심히 관찰하는 과학자들 덕분에 인간의 우물은 조금씩 넓어지고 있다. 그럼 지금부터 각자의 우물을 좀 더 깊고 넓게 파 보자!

북극토끼

1

북극토끼는 원래 '롱다리'다

북극토끼가 눈 위에 앉아 있는 모습을 보면 누가 털실 뭉치를 눈 위에 던져 놓은 것처럼 보인다. 늑대나 여우 같은 포식자가 나타나면 북극토끼는 벌떡 일어나 냅다 달리는데, 다리가 어찌나 긴지 모두 깜짝 놀란다. 그렇다, 이들은 원래 '롱다리'다. 다만 북극의 추위에 체온이 떨어지는 것을 막기 위해 다리를 접고 가만히 앉아 있는 것이다.

비슷한 상황에서 완전히 다른 방향으로 진화한 동물은 펭귄이다. 남극에 사는 펭귄은 추위를 피하기 위해 다리를 몸속에 넣어 아무도 '롱다리'인 것을 모른다. 펭귄은 육지에서는 천적이 없어 빨리 뛸 필요가 없는 반면 물속에서는 포식자를 피해 빨리 헤엄을 쳐야 하므로 다리를 몸속에 숨기는 것이 유리하다. 그러나 북극토끼는 체온을 지키는 것만큼 육지에서 달아나는 능력도 중요하기에 몸속으로 다리를 넣지 않았다. 만약 늑대와 여우가 사라져 아무도 북극토끼를 잡아먹지 않는다면 이들의 다리는 보통 토끼처럼 짧아질지도 모른다.

어떻게 하는지는 몰라도
개미는 자기 걸음 수를 셀 줄 안다. 그래서
집을 나와 멀리 떨어진 개미에게
키다리 피에로의 신발을 신겨 주면
집을 못 찾는다. 개미가 불쌍타.

2

개미는 걸음 수를 센다

개미가 줄지어 집을 찾아가는 것을 본 사람이라면 누구나 궁금해진다. 개미들은 분명 바로 앞에 있는 개미를 따라가는 것 같은데 그럼 맨 앞에 있는 개미는? 도대체 이들은 어떻게 집을 찾아가는 걸까? 이에 대해 답을 찾고 싶은 마음이 누구보다 강했던 과학자들은 개미에게 특수 제작 신발을 신겨 서커스에 나오는 키다리처럼 다리를 길게 만들었다. 개미의 보폭이 넓어져 같은 거리를 갈 때의 걸음 수가 달라지더라도 집을 찾아갈 수 있을지를 확인해 본 것이다.

놀랍게도 개미들은 집을 찾아가지 못했다. 아니, 그게 뭐가 놀랍냐고? 찾아가야 놀라운 것 아니냐고? 그렇지 않다. 이들이 걸음 수를, 다시 말해 수를 센다는 뜻이기 때문이다. 집을 찾아가기 위해 빛의 방향을 본다거나 자력을 느끼는 등의 방법이 아니라 인간은 알 수 없는 어떤 방법으로 수를 세는 것이다! 과학자들은 개미들이 어떻게 그렇게 하는지 아직까지 아무것도 알아내지 못했다. 과연 우리가 그 놀라운 능력을 밝혀낼 수 있을까?

왠지 늑대는 떼로 운다.

3

늑대는 사실 대화 중이다

늑대를 두려워하면서도 늑대에게 신비감을 느끼는 인간들은 늑대 인간이라는 개념을 만들어 냈다. 지능은 인간의 것을, 신체적 능력은 늑대의 것을 가지고 싶은 마음에서인데, 한마디로 꿈을 깨야 한다. 늑대가 너무 멋져서 따라 하고 싶은 마음은 이해를 하겠으나, 이건 현실적으로 불가능하다.

늑대가 멋진 또 다른 이유는 그들만의 대화법에 있다. 애니메이션 「주토피아」에는 아주 중요한 순간 경비를 서던 늑대 한 마리가 목을 위로 쳐들고 울기 시작하자 다른 늑대들이 모두 따라 우는 바람에 작전을 망치는 장면이 나온다. 거기에서 한 늑대가 말하기를 "이유는 모르겠지만 누가 울면 따라 울어야 한다."라고 하는데, 이것은 대사를 쓴 인간이 늑대를 비하한 것일 뿐, 사실이 아니다. 늑대 여러 마리가 함께 우는 것은 다중 대화를 하는 것으로, 일종의 단체 채팅방에 들어간 것이다. 인간은 여러 명이 한꺼번에 말하면 못 알아듣는다는 것을 생각할 때 이건 정말 대단한 능력이다. 이런, 늑대를 닮고 싶은 이유가 또 한 가지 늘었다!

사막비개구리는 풍선처럼 생겼고
헤엄도 못 치고 점프도 못 하고
울음소리도 아주 특이하고
개구리이면서 땅굴을 파고 사는데,
콜롬비아 화가 보테로가
아주 좋아하게 생겼다.

사막비개구리

4

점프를 못 하는 개구리가 있다

사막비개구리는 높고 가는 소리로 "빽~" 울기 때문에 눈을 감고 들으면 아무도 개구리 소리인 줄 모른다. 솔직히 말해서 눈을 뜨고 봐도 개구리인 줄 모를 수 있다. 풍선처럼 통통한 몸매를 지닌 데다 온몸에 모래를 잔뜩 묻히고 있으니, 우리가 상식으로 생각하는 개구리의 겉모습, 예를 들면 미끈하고 축축한 피부라든지 찐득찐득한 혀라든지 볼과 배를 불룩이며 "개골" 하고 울 것 같은 모습을 전혀 찾아볼 수 없기 때문이다. 게다가 이 개구리는 헤엄도 못 치고 점프도 못 하고 심지어 땅굴을 파고 산다. 정말 개구리가 맞나?

하지만 이들은 폐 호흡과 피부 호흡을 같이 하며 알은 반드시 물에 낳고, 물컹한 젤리에 여러 개의 알이 알알이 박혀 있는 것을 보아 양서류 집안 동물인 것 같다. 무엇보다 유전자를 조사하면 개구리와 같은 집안임이 분명하다니, 역시 세상은 넓고 신기한 동물은 많다.

세간에 알려진 것과 달리 하이에나는
먹을것의 80%를 스스로 사냥하는데,
사자가 그걸 빼앗아 간다.

하이에나

5

하이에나는 성실한 편이다

우리는 하이에나에 대해 많은 오해를 하고 있다. 하이에나가 남의 먹이를 도적질하거나 썩은 고기를 먹는다는 이야기를 하는데, 사실이 아니다. 하이에나는 먹이의 80~90퍼센트를 스스로 사냥한다. 하이에나가 남의 먹이를 훔칠 때는 여간해선 먹을 것을 구하기 힘들 때다. 그리고 그런 때는 누구나 먹을 것을 훔칠 수밖에 없다. 사바나의 왕 사자도 먹을 것이 귀해지면 하이에나가 잡은 사냥감을 빼앗는다.

하이에나 무리는 철저한 모계 사회라 암컷에 대한 편애가 아주 심하다. 대장 어미가 남매를 출산하면 암컷 새끼에게 먼저 먹이를 주고, 그 새끼는 공주 대접을 받으며 자란 뒤 어미의 자리를 이어받아 여왕이 된다. 한편 암컷과 함께 쌍둥이로 태어난 수컷은 항상 서열 2위로 밀려 덩치도 작고 성격도 소심해지는데, 2년의 육아 기간이 끝나면 어미는 수컷을 무리에서 쫓아낸다. 힘든 출산과, 꽉 찬 2년 동안의 오랜 육아를 암컷이 담당해야 하므로 종족 보존이라는 큰 목적을 생각할 때 단연 암컷의 지위가 높을 수밖에 없다. 지구상에서 암컷들이 중심을 이룬 사회는 거의 대부분 평화롭게 무리를 유지한다. 인간 사회가 본받아야 할 일이다.

13억 광년 떨어진 블랙홀 충돌
소리를 듣는 인간들이
이제야 겨우 기린의 목소리를
들었다.

기린

6

기린은 목소리를 내고 있다

고양이, 개, 사자, 코끼리 등 우리가 아는 대부분의 포유동물은 소리를 낸다. 소리는 매우 훌륭한 통신 수단으로 동료들에게 경계 신호를 보낼 때, 잃어버린 동료를 찾을 때 아주 유용하게 쓸 수 있다. 그런데 기린의 소리를 들은 적이 있는가? 아마 없을 것이다. 지금 기린이 나오는 동영상을 검색해 10개쯤 틀어 보라. 기린이 긴 혀를 내밀어 가시가 많은 아카시아잎을 우적우적 먹거나 긴 다리를 양옆으로 벌리고 머리를 숙여 물을 마시거나 새끼를 지키기 위해 포식자에게 뒷발차기를 하는 장면은 있어도 이들이 소리 내는 장면은 단 하나도 찾을 수 없을 것이다. 그럼 이들은 어떻게 소통할까?

사실 기린도 소리를 낸다. 다만 주파수가 너무 낮아 인간이 듣지 못할 뿐이다. 솔직히 고백하자면 인간은 기린의 목소리를 들을 생각조차 하지 않고 있었다. 인간은 저 먼 우주 어디에서인가 블랙홀이 박치기를 하고 있으며 그 소리가 곧 지구를 지나갈 것이라는 어마어마한 사실을 예상하고 실제로 그 소리를 들었지만, 정작 같은 지구에 살고 있는 기린의 목소리에는 별 관심이 없었던 것이다. 인간끼리의 관계에서는 이런 일이 없을까?

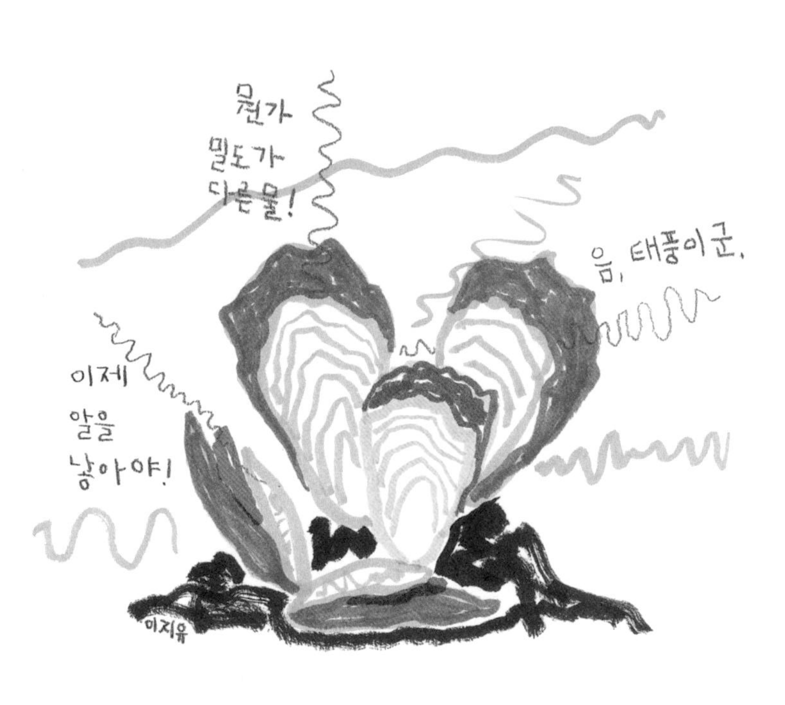

굴도 소리를 듣는다.

7

굴은 소리를 들을 수 있다

소리 이야기가 나왔으니 말인데, 굴도 소리를 듣는다. 이들은 물속에서 퍼지는 다양한 음파를 분석해 알을 낳을 시기를 정하고 위험이 왔을 때 껍질을 닫는다. 굴뿐 아니라 바다에서 살고 있는 모든 생물은 소리를 듣는다. 앞서 말했듯이 바다를 이루는 물 분자는 공기를 이루는 분자들보다 훨씬 가까워 소리가 매우 빠르고 크게 전달되기 때문이다.

그러니 잠수함이나 배의 프로펠러가 돌아가는 소리, 바다 밑에서 폭탄을 터뜨리는 실험을 할 때 나는 소리 등은 바다 생물들에게 커다란 스트레스다. 항로 근처에 사는 바다 생물은 우리가 기찻길 옆에서 듣는 기차 소리보다 수십 배나 큰 소리에 시달리며 지낸다. 인간이 듣지 못한다고 해서 바닷속에서 인간이 내는 소리가 괜찮은 것이 아니다.

도망가자! 다랑어가 온다.
물밖으로 슝! 다리를 촥!
하늘을 훨훨. 아뿔싸
물밖엔 새가 있구나! ㅠㅠ

오징어

8

오징어는 하늘을 난다

전 세계에는 300여 종의 오징어가 있고 이 중 10여 종은 하늘을 난다! 오래전부터 어부들은 자고 일어나면 갑판 위에 뒹구는 오징어 몇 마리를 어렵지 않게 볼 수 있었다. 오징어를 연구하는 과학자들 역시 연구소에 출근하면 수조에서 기르고 있던 오징어들 가운데 한두 마리가 바닥에 떨어져 숨을 거둔 것을 발견한다. 밤사이 오징어들에게는 무슨 일이 있었던 것일까?

그들은 날아오른 것이다. 오징어는 물을 뿜는 추진력으로 공중으로 날아오른 뒤 앞지느러미와 다리를 넓게 펴 공기의 흐름을 타고 날아간다. 나는 힘이 떨어져 물에 닿으면 재빨리 물을 흡입하고 내뿜어 물수제비를 뜨듯 다시 날아오른다. 오징어들은 다랑어 같은 포식자로부터 도망칠 때, 수천 킬로미터를 이동해 태어난 곳으로 돌아갈 때 하늘을 난다. 헤엄칠 때보다 같은 에너지로 5배나 먼 거리를 이동할 수 있으니 오징어로서는 날지 않을 이유가 없다. 인간은 '오징어도 나는데.'라며 오징어를 닮은 윙슈트를 만들어 입고 이 빌딩에서 저 빌딩으로 날아 보기도 하지만 고향을 찾아가려고 그러는 것은 아니다.

청설모는 고아를
입양해 키운다.

청설모

9

청설모에게는 출생의 비밀이 있다

푸를 청(靑), 쥐 서(鼠), 털 모(毛). 영어 이름은 코리안 스쿼럴(Korean Squirrel), 즉 한국 다람쥐로 오래전부터 우리나라에 자생하는 토종 동물이다. 청설모 이름에 푸를 청이 들어간 이유는 이들이 소나무나 잣나무처럼 사철 잎이 푸른 나무에서 살기 때문이다. 다람쥐를 잡아먹는다는 항간의 오해와 달리 이들은 잣, 호두 같은 견과류와 뿌리를 먹는 초식 동물이다. 먹이가 부족한 겨울을 나기 위해 틈만 나면 열매들을 땅에 묻어 두곤 하는데, 이것을 다 찾아 먹지 못하기 때문에 숲의 정원사로 불리기도 한다.

때로는 청설모가 먹이를 숨겨 두는 장면을 몰래 보고 있던 까치나 까마귀가 냉큼 내려와 열매를 파 가기도 하지만 숨겨 두는 양이 워낙 많아 새들의 도굴로 인해 청설모가 굶는 일은 없다. 청설모는 어미가 포식자에게 잡아먹혀 고아가 된 새끼를 거둬 키우는 것으로도 잘 알려져 있는데, 이는 도가 매우 높은 경지의 행동이다. '다람쥐보다 인상이 세다.' '다람쥐를 잡아먹는다.'라는 등 잘 알지도 못하면서 이상한 소문을 내는 인간들은 청설모를 크게 본받아야 할 것이다.

병아리들은 알 속에서도
소리로 의사소통을 한다.

노란다리갈매기

10

알 속에서도 듣고 있다

놀랍게도 조류의 새끼들은 알 속에 있을 때 진동이라는 신기한 방법으로 형제자매와 소통한다. 한 무리의 동물학자들이 스페인의 살보라섬에서 몇 개월 동안 노란다리갈매기와 그 이웃 새들의 둥지를 '스토킹'하며 알아낸 사실이다. 알 속에 있는 새끼들은 부모의 경고음을 듣고 학습한다. 그리고 그 내용을 부화하지 않은 형제자매들과 공유한다. 그래서 인위적으로 경고음을 많이 들려준 알을 그렇지 않은 알과 같이 두면 경고음을 들려주지 않은 알도 이곳은 위험한 곳이라 여겨 훨씬 빨리 부화하고, 부화한 뒤에는 몸을 웅크리거나 잘 먹지 않는 등 스트레스 징후를 보인다.

과학자들은 이런 사실에 대해 놀랍다고 난리들인데, 인간의 아기도 태어나기 전부터 엄마 배 속에서 음악도 듣고 싸우는 소리도 듣는다는 것을 생각할 때 이건 당연한 일이다. 인간이 누구를 보고 배웠겠는가? 새는 인간보다 훨씬 일찍 지구상에 나타난 동물 아닌가! 그러니 당연히 인간이 새들에게 배운 것이다.

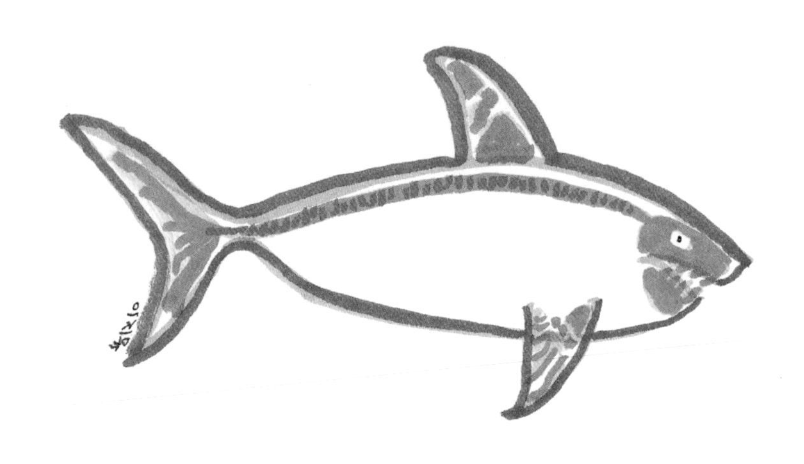

상어는 갈비뼈가
없다!

상어

11

상어는 갈비뼈가 없다

상어는 3억 5,000만 년 전부터 지구상에서 사라지지 않고 종을 바꾸어 가며 생존해 온 놀라운 동물이다. 이들은 차갑고 압력이 높은 물에 적응하기 위해 부레를 버리고 거대한 지방간을 선택했으며, 무게를 줄이기 위해 뼈를 연골로 바꾸었고, 깊은 물속에서도 유연한 움직임을 유지하기 위해 갈비뼈를 없앴다. 상어에게 딱딱한 부분은 이빨과 턱 밖에 없다. 당연히 이 부분만 화석으로 남는다.

상어는 내장 기관 또한 매우 효율적으로 생겼다. 가장 눈에 띄는 것은 소장이 매우 짧고 통통하다는 것. 상식적으로 생각하면 음식이 얼른 통과해 소화가 되지 않을 것 같으나 그 속이 회오리 감자와 같은 구조로 되어 있어 음식이 통과하는 데 시간이 오래 걸린다. 피부에는 아주 작은 돌기가 있어 다른 생물이 들러붙지 못하며, 물과 접촉할 때 작은 소용돌이가 생겨 마찰을 줄여 주기 때문에 빠르게 전진할 수 있다. 인간들은 이런 상어의 피부를 베껴서 비싼 선수용 수영복을 만들기도 한다. 한편 상어의 아가미는 크기에 상관없이 모두 5줄이다. 그러니 5줄의 아가미가 없는 철갑상어는 이름과 달리 상어가 아니고 캐비어 역시 상어의 알이 아니다. 상어는 어미 배 속에서 알을 까고 나오는 '난태생'이라 우리는 상어 알을 먹기는커녕 구경조차 쉽지 않다. 자, 이 정도는 알아야 상어에 대해 좀 안다고 할 수 있지 않을까.

말은 쇄골이 없다.

말

12

말은 쇄골이 없다

인간이 건강하고 아름다운 몸을 설명할 때 빠지지 않는 것이 양 어깨 사이 앞쪽에 반듯하게 자리 잡은 쇄골이다. 팔을 양옆으로 벌리려면 가슴 쪽에 이를 조절하는 근육이 있어야 하고 그 근육을 지지하는 뼈가 있어야 한다. 그 뼈가 바로 쇄골이다. 인간은 팔을 양옆으로 벌렸다 앞으로 나란히 모을 수 있으므로 과체중이라 살에 가려서 안 보이더라도 쇄골이 있다는 것을 짐작할 수 있다. 고양이, 사자, 치타 같은 고양잇과 동물에게도 역시 쇄골이 있다. 이들은 급하면 앞발을 좌우로 움직여 적을 치거나 두 앞발을 동시에 벌린 채 뛰어오르면서 상대에게 위협을 가한다.

그러나 소와 말은 쇄골이 없다. 그들은 앞다리를 앞뒤로 움직일 수는 있어도 옆으로 움직일 수 없다. 이들은 포식자에게 쫓기는 입장이라 앞다리를 양옆으로 벌리는 기능보다 앞뒤로 움직여 빨리 뛰는 능력이 더 필요하다. 그래서 이들은 쇄골을 과감히 버리고 오로지 앞으로 뛰는 일에만 집중하기로 한 것이다.

쇄골만 놓고 보자면 개는 말과 고양이 사이에 있다고 할 수 있다. 개의 쇄골은 고양이만큼 큰 역할을 하지는 않지만 그렇다고 말처럼 없는 것도 아니다. 개들에게는 쇄골의 흔적만이 남아 있다.

호랑이는 다 다른 무늬를
가지고 있다.

13

다 똑같은 무늬가 아니다

호랑이는 현재 우리나라에 자생하는 개체가 없음에도 한국인이 매우 친숙하게 여기는 동물이다. 고조선 건국 신화에 나오는 쑥과 마늘을 먹는 곰과 호랑이 이야기에서도 알 수 있듯 예전에는 아시아에 매우 많이 살았다. 그러나 호랑이 가죽에 눈이 먼 인간들이 닥치는 대로 잡아 죽이는 바람에 호랑이는 멸종 위기종이 되었다.

호랑이를 비롯해 줄무늬가 있는 동물은 개체마다 다 다른 줄무늬를 가지고 있다. 이들에게는 줄무늬가 이름인 셈이다. 호랑이의 줄무늬는 피부에서부터 결정된다. 피부에는 검은색과 노란색 등을 표현하는 색 세포가 있어 짙은 색 피부에서는 짙은 색 털이 자라고 옅은 색 피부에서는 옅은 색 털이 자라 호랑이의 줄무늬를 만든다. 백호라 불리는 흰 호랑이도 있는데, 이는 피부와 털에 색을 표현하는 색 세포가 모자라 생기는 루시즘, 우리말로 백변종이라 불리는 돌연변이다. 이와 비슷한 현상으로 알비노를 들 수 있는데, 알비노는 멜라닌 색소를 합성할 수 없어 피부의 혈관이 그대로 비쳐 눈까지 붉은색으로 보이는 것으로 루시즘과 다르다. 백호의 경우 눈은 보통 호랑이와 같고 검은 줄무늬도 그대로 가지고 있어 눈이 붉고 줄무늬도 없는 알비노와 다르다. 백호의 가죽은 그야말로 희귀해 당연히 인간들의 표적이 되었고 이제는 동물원에나 가야 보호받고 있는 백호를 볼 수 있다.

한여름 발효된 열매를 먹은 오색앵무는
날다가 추락해 응급실에 실려 오는데
그건 술에 취해서가 아니라
동시에 바이러스에 감염되서라고!
그럼 그거 조류 독감 아닌가?

오색앵무

14

오색앵무는 취한 게 아니다

인간에게 술의 역사는 매우 오래되었지만 동물에게는 더 오래되었다는 데 500원을 건다. 술이란 곡식이나 과일에 있는 당분이 미생물에 의해 알코올로 분해된 것으로 시간이 더 지나면 시큼한 맛이 나는 초산, 즉 식초가 된다. 야생에 있는 단맛이 나는 열매는 동물이 따 먹지 않으면 미생물의 차지가 되어 그대로 발효되어 나무에 매달린 알코올 덩어리가 된다. 이것 역시 좋은 에너지원이 되므로 동물들은 가리지 않고 먹는다.

오스트레일리아에 사는 오색앵무가 멀쩡하게 하늘을 날다가 떼로 추락하는 일이 벌어졌을 때, 과학자들은 이들이 술에 취했다고 생각해 그다지 큰 문제로 여기지 않았다. 그러나 열매가 열리지 않은 계절에도 추락하는 새들이 생겨 조사를 했더니 새들이 바이러스에 감염되어 균형 감각과 운동 감각을 잃은 것이었다. 인간으로 치면 독감에 걸린 것과 비슷한 상황. 그렇다면 이건 조류 독감 아닌가? 혹시나 옮을까 두려워하는 바로 그 조류 독감 말이다. 지구상 모든 동물은 바이러스에 감염되어 독감에 걸린다. 인간이 걸리면 그냥 독감, 돼지가 걸리면 돈(豚) 독감, 개가 걸리면 견(犬) 독감이 되는 것이다. 걱정할 필요 없다. 대부분의 경우 인간에겐 해가 없으니.

6장

동물은 진화한다

부모와 똑같은 자식은 없다. 양성으로 이루어진 생물학적 부모는 둘의 유전자가 적절히 섞여 좋은 것은 두드러지고 나쁜 것은 사라지기를 바란다. 그러나 간혹 원하지 않는 형질이 나타나는 자식을 얻기도 하는데, 그래서 자식을 일찍 잃기도 하지만 의도치 않게 변화하는 환경에 완벽하게 적응한 자손을 보기도 한다. 결론은 원치 않는 형질을 물려받은 자손이 어쩌면 다음 세대의 주역이 될 수도 있다는 것. 진화는 예상할 수 없음을 바탕으로 지구상에서 생물이 사라지는 것을 막는다.

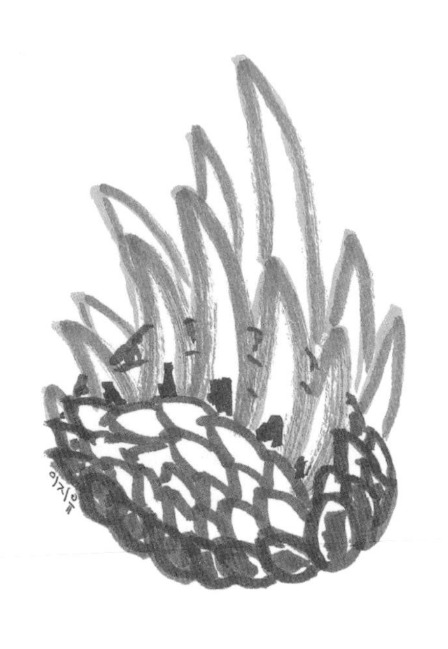

5억 8백만 년 전에 살았던 위왁시아,

눈은 없지만 입은 있었다.

결론은, 먹는 것이 중요하다!

위왁시아

1

볼 것인가, 먹을 것인가

먹는 것과 보는 것 중 하나만 선택해야 한다면 무엇을 골라야 할까? 이것은 정말이지 어려운 문제다. 그러나 5억 4,000만 년 전에 누가 이런 질문을 했다면 보는 것이 무엇인지 몰라 당연히 먹는 것을 선택했을 것이다. 지구의 바다에 다세포 생물이 나타났을 때 그들에게는 눈이 없었다. 바다에는 산소와 양분이 충분했기에 그냥 물결에 흔들리며 가만히 있기만 해도 살아가는 데 별 문제가 없었다. 그래서 대부분 몸체가 물렁물렁했고 물과의 접촉면을 늘리려고 넓적하게 생겼다.

이런 상황에서 보자면 가시 돋은 등과 딱딱한 피부를 지닌 위왁시아는 뭔가 이상하다. 도대체 바다에 무슨 일이 벌어진 걸까? 바로 눈이 달린 포식자가 나타난 것이다. 눈이 없는 위왁시아는 뭐라도 해서 눈 달린 포식자의 공격으로부터 피해야만 했다. 그래서 위왁시아의 자손 중 가시가 더 크고 딱딱한 갑옷을 두른 것들이 살아남아 계속 대를 이었다. 그러나 그 어떤 방어책도 눈이 있고 덩치가 큰 포식자 앞에서는 당할 수 없었다. 결국 위왁시아는 눈과 집게가 달린 포식자들의 먹이가 되어 멸종하고 말았다.

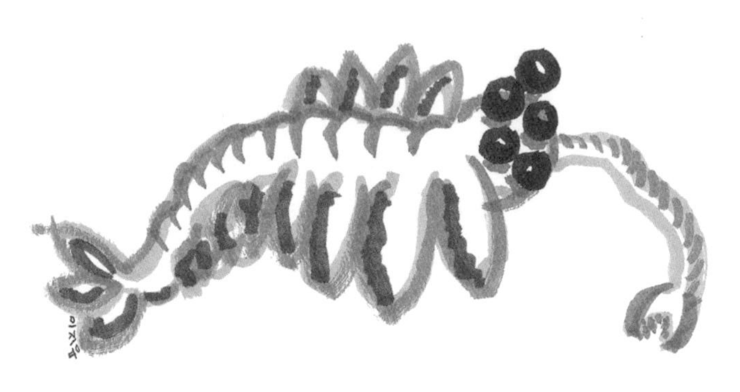

5억 5백만 년 전 살았던
눈이 5개인 5파비니아(Opabinia).
부속지에 아가미가 있어 헤엄치는
것만으로도 숨을 쉬는 외계스런 동물로
현존하는 후손으로는 물곰으로 알려진
완보동물이 있다.
(걔도 외계스럽다.)

오파비니아

2

눈은 몇 개가 적당할까?

5개의 눈, 코끼리 코를 닮은 집게 입, 노를 젓는 듯한 지느러미 등을 지녀 상상 속의 동물이 튀어나온 것처럼 생긴 오파비니아는 특이한 동물 콘테스트에 나가면 딱 알맞을 것 같다. 이 생물의 모습을 처음으로 알아낸 고생물학자들은 이야기 속에나 나올 것 같은 오파비니아의 모습에 눈을 의심할 수밖에 없었고, 전 세계 고생물학자들은 그 연구 결과를 듣자마자 무시하며 웃었다고 한다. 너무 이상하게 생겼기 때문이다.

오파비니아는 시력이 생존에 도움이 된다는 사실을 알아챈 지구상 동물이 눈을 어디까지 만들 수 있는지 보여 주는 좋은 예이다. 물론 5개의 눈이 그리 효율적이지 않았는지 그 이후로 눈이 5개인 종이 나타나지는 않았다. 하지만 현존하는 동물 중에는 미간에 빛을 감지하는 제3의 눈을 가진 도마뱀 투아타라가 있고 눈이 8개인 늑대거미도 있고 렌즈를 2만 개나 가진 잠자리나 파리가 있는 것으로 보아 지구 실험장은 여전히 눈이 많은 동물을 만들어 내고 있는 것이 분명하다.

멍게는 어릴때는 마구 돌아다니다
나이가 들면 한 곳에 정착해
눈, 뇌, 후각, 신경을 스스로 없애고
물을 마셨다 내뱉기를 반복하며 산다.

멍게

3

인간의 조상 멍게

인간이 진화한 과정을 거꾸로 거슬러 올라가면 멍게와 만난다. 멍게가 우리의 조상이라고 하면 거부감을 보이는 사람이 있을지 모르겠으나, 사실이다. 성체 멍게는 바닥에 붙어 사는 고착 생물인데 태어나면서부터 그런 것은 아니다. 멍게의 유생, 즉 어린 멍게는 올챙이처럼 생겼고 이리저리 헤엄쳐 다니며 먹을 것을 스스로 찾는다. 어린 멍게는 운동을 해야 하므로 뇌, 척수, 눈, 후각 세포와 수영을 하는 데 필요한 근육 등을 갖춘 복잡한 동물이다. 그러다 바위에 몸을 붙이면 운동에 필요한 장기와 뇌를 모두 소화시켜 흡수하고는, 물을 들이마셔 영양분을 거르고 다시 내뿜는 단순한 삶을 살아간다.

멍게의 이런 습성을 놓고 인간들은 좋지 않은 비유를 하곤 하는데, 정년을 보장받은 뒤 더 이상 열심히 일하지 않는 사람을 '멍게 같은 인간'이라고 부르는 것이 그 예다. 그러나 어릴 때는 호기심이 많았다가 어느 정도 경험치가 쌓이면 정착해 다음 세대를 준비하는 자세는 매우 훌륭한 것이다. 그러니 '멍게 같은 인간'이란 표현을 비난의 뜻으로 사용하지 않는 것이 조상에 대한 예의라 할 수 있겠다.

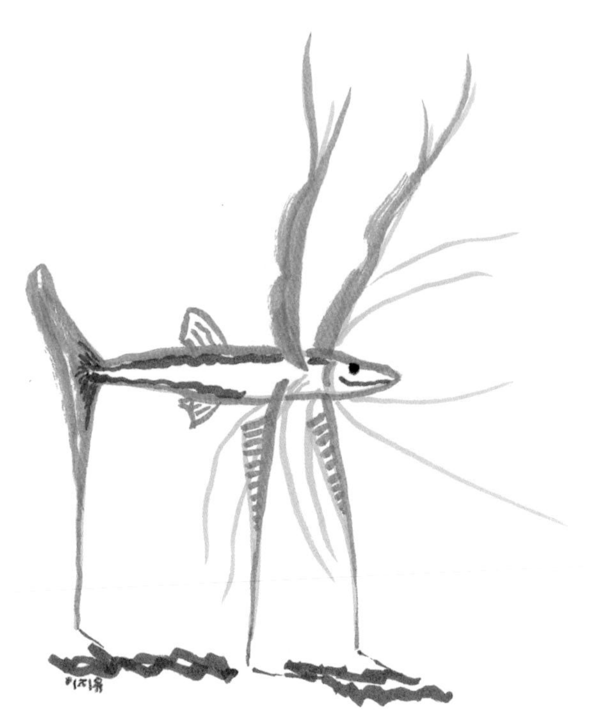

긴촉수 매퉁이는 몸에 안테나를
장착하고 심해 바닥에
가만히 서서 먹이가 걸려들길
기다린다.

긴촉수매퉁이

4

가만히 서 있기의 달인

살아가는 데 지장이 없다면 최소한의 움직임만 유지한 채 생존에 필요한 만큼만 먹는 것이 가장 효율적이다. 움직이느라 애써 먹은 양분을 낭비할 필요가 없기 때문이다. 그래서 긴촉수매퉁이는 꼭 필요한 경우가 아니면 많이 움직이지 않는다. 깊은 바다에는 먹을 것이 많지 않기에 먹이를 찾아다니느라 소비하는 에너지와, 그렇게 찾은 먹이를 먹어서 얻는 에너지 사이에 적절한 타협점을 찾는 것이 중요하다.

긴촉수매퉁이는 머리빗처럼 생긴 긴 지느러미를 안테나로 삼고 바다 바닥에 가만히 서서 사냥감이 걸려들기를 기다린다. 아마 오래전에는 부지런히 움직이는 긴촉수매퉁이도 있었을 것이다. 그러나 세대를 거듭하면서 인형처럼 가만히 있는 것이 생존하는 데 가장 유리하다는 것을 깨달았을 것이다.

인간 중에도 방바닥이나 침대에 딱 붙어 떨어지지 않는 이들이 있다. 쓸데없이 움직이느라 에너지를 쓰지 않는다는 면에서 이들의 행동은 매우 칭찬할 만하다. 다만 움직임이 적은 만큼 며칠에 한 번, 그것도 아주 조금만 먹어야 균형을 갖춘 삶이 될 것이다.

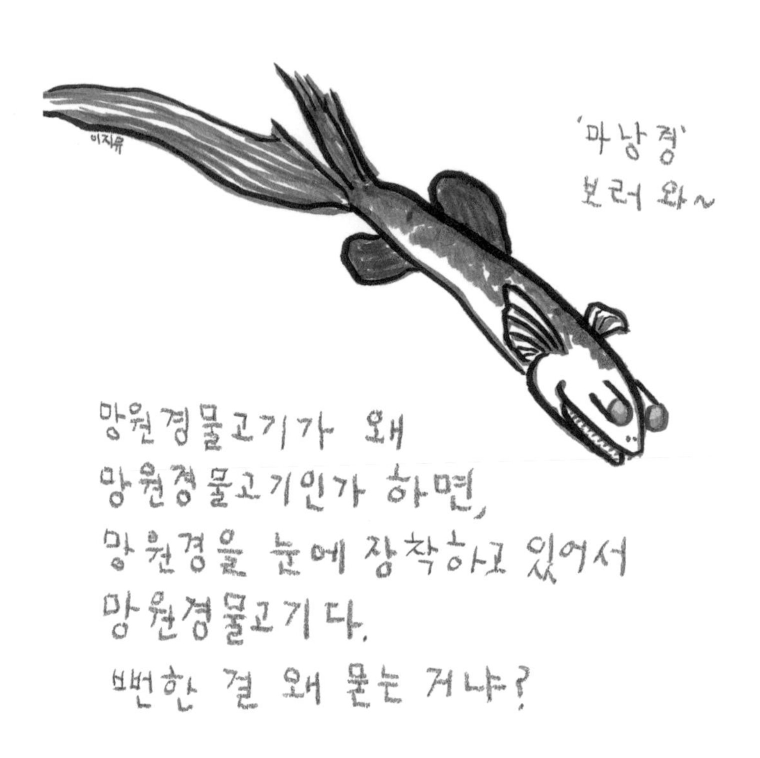
이지유
'마낭정'
보러 와~
망원경물고기가 왜
망원경물고기인가 하면,
망원경을 눈에 장착하고 있어서
망원경물고기다.
뻔한 걸 왜 묻는 거냐?

망원경물고기

5

새로운 곳에 적응하려면

바다에서 생겨난 동물들 중 크고 힘이 센 것들은 햇빛이 잘 들고 조류가 풍부한 얕은 바다를 점령하고 살았다. 작고 힘없는 동물은 밀리고 밀려 육지나 깊은 바다로 갈 수밖에 없었다. 망원경물고기도 그런 동물 중 하나다. 이들의 눈이 처음부터 망원경처럼 생기지는 않았을 것이다. 아마 같은 종족 가운데 유난히 눈알이 크고 튀어나와 빛을 모으기에 좋은 개체가 태어났을 텐데 그런 모습으로 태어난 새끼는 남보다 더 깊은 곳으로 갈 수 있었음이 분명하다.

반대로 육지 쪽으로 밀려난 물고기들은 공기를 마셔 산소를 얻고 물이 주는 부력이 없이도 걸을 수 있는 근육을 키웠다. 우리는 그 용감한 물고기의 후손! 그러니 인간의 유전자에는 새로운 곳에 적응해 살고자 하는 열정이 장착되어 있는 것이 틀림없다.

물 밖은 미세먼지로
위험하니
뛰어오르지 말고
물총을 쏘자!

아로와나

6

물 밖을 노려라!

아로와나는 바다를 떠나 소금기 없는 강이나 늪에 적응한 훌륭한 물고기다. 이들은 물속에 살지만 물 밖 나뭇가지에 있는 곤충에게 물을 쏘아 잡아먹는 특기를 가지고 있다. 이 특이한 사냥을 위해 항상 위를 주시하기 때문에 눈을 위로 올려 주는 근육이 발달했는데, 이는 나이가 들면 눈꺼풀이 내려앉고 눈꼬리가 처지는 인간으로서 매우 부러운 점이다. 어떤 종은 물을 쏘는 대신 점프해 벌레를 잡아먹기도 한다. 하지만 평소에는 주로 작은 물고기를 잡아먹는다.

아로와나는 한때 그 수가 줄어 찾아보기 힘들었으나 대량 양식에 성공해 이제는 수족관이 있는 곳에서 관상어로 어렵지 않게 찾아볼 수 있다. 그러나 수족관에 있는 아로와나는 눈을 위로 치켜뜨고 사냥할 일이 없어 눈이 아래로 축 처져 아로와나 본연의 아름다움을 잃는 경우가 많다.

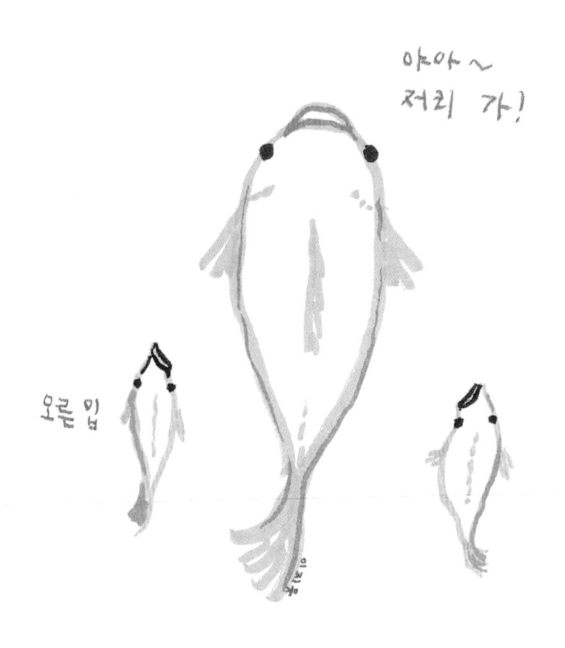

탕가니카 호수에 사는 '비늘 먹는 시클리드'는 오른입잡이와 왼입잡이가 있다.

비늘먹는시클리드

7

왼쪽, 오른쪽, 다시 왼쪽

오른손잡이, 왼손잡이는 사람에게만 있는 것이 아니라 동물에게도 있다. 코끼리는 왼상아잡이와 오른상아잡이가 있고 탕가니카 호수에 사는 비늘먹는시클리드는 오른입잡이와 왼입잡이가 있다. 오른입잡이 시클리드는 입이 오른쪽으로 틀어져 있어 커다란 물고기의 왼쪽으로 다가가 옆구리에 있는 비늘을 뜯어 먹는다. 반대로 왼입잡이 시클리드는 큰 물고기의 오른쪽으로 다가가 비늘을 뜯어 먹는다. 그렇다, 이들은 생존을 위해 입을 틀었다.

호수에 왼입잡이 시클리드가 많으면 큰 물고기들은 오른쪽을 더 경계하는 행동을 보인다. 그러면 왼입잡이들이 영양 상태가 좋지 않아 자손을 별로 못 남기고 오른입잡이들이 많아진다. 큰 물고기는 다시 왼쪽을 경계하며, 같은 행동을 하는 자손을 낳는다. 그 결과 이번에는 시클리드 중 오른입잡이의 수가 줄고 왼입잡이의 수가 는다. 탕가니카 호수에서는 몇 년을 주기로 각기 다른 쪽으로 휘어진 입을 가진 시클리드가 서로 수 다툼을 한다. 인간도 지금은 오른손잡이가 많지만 왼손잡이가 많아지는 날이 올까? 만약 그렇다면 인간에게 큰 물고기 역할을 하는 것은 무엇일까?

아시아와 아메리카에 사는 달팽이잡이뱀은
좌우 따로 노는 아래턱을 가졌을 뿐 아니라
달팽이를 파먹기 좋게 오른쪽에 이가 더 많다.
달팽이가 대부분 오른돌이라서 이렇게 진화했는데
왼돌이 달팽이를 만나면 다 꽝이다.

달팽이잡이뱀

8

오른쪽을 택한 이유

사냥을 하는 동물은 겉모습과 속 모습 모두 사냥을 하는 데 꼭 맞도록 변해 간다. 열대 우림에 사는 뱀 중에는 달팽이만 골라서 먹고 사는 종이 있다. 뱀으로 태어난다면 보아뱀처럼 거대하고 뭔가 '포스'가 느껴지는 종으로 태어날 수도 있을 텐데 하필 달팽이를 먹고 사는 뱀이라니, 하고 생각할 수 있겠지만 이 작은 뱀들이야말로 진화를 설명하는 데 딱 맞는 놀라운 종이다.

이들이 사는 열대 우림에는 오른나사 방향으로 돌아가는 달팽이들만 산다. 뱀들 중에는 오른쪽 턱이 약간 길어 이 달팽이를 파먹기에 유리한 뱀이 있었다. 남들이 두 마리 먹을 때 이 뱀은 대여섯 마리의 달팽이를 '폭풍 흡입'할 수 있었다. 잘 먹고 영양 상태가 좋은 뱀은 자손을 많이 본다. 자손들은 부모가 물려준, 살짝 오른쪽이 긴 턱을 이어받아 역시 잘 살아간다. 그래서 이 지역에 사는 달팽이잡이뱀은 오른쪽 턱이 긴 개체가 번성하게 되었다는 이야기다. 음, 이건 '턱 수저'인가?

월리스날개구리는 발 날개를
쫙 펴고 이 나무에서
저 나무로 날아간다.

월리스날개구리

9

개구리, 날다!

◇◇◇◇◇◇◇◇◇◇◇◇◇◇◇◇◇◇◇◇

윌리스날개구리는 영국의 박물학자 앨프리드 러셀 윌리스가 말레이 제도에서 처음으로 본 개구리다. 개구리 발은 원래 발가락 사이의 피부가 늘어나 얇은 판을 형성해 헤엄치기 좋은 구조로 되어 있다. 윌리스날개구리는 이 발을 날개로 사용한다. 길이가 몇 센티미터밖에 안 되는 이 개구리들은 포식자를 피해 높은 나무로 올라가 나무옹이나 잎에 고인 물에 몸을 적시며 살아간다.

그러나 높은 나무 위라도 포식자는 불시에 나타나는 법. 포식자가 나타나면 이 개구리들은 발가락을 쫙 펴고 옆 가지로 도망을 간다. 이들이 날아가는 모습은 흡사 드론과도 같다. 드론이나 개구리나 안정적으로 날려면 몸통을 떠받쳐야 하니 비슷한 형체가 될 수밖에 없다. 윌리스날개구리 여러 마리가 동시에 이 나무에서 저 나무로 옮겨 가면 드론 여러 대가 떼 지어 날아가는 것처럼 보일 것이다.

워터아놀

10

바다와 육지 사이에서

생물은 원래 바다에서 생겼기 때문에 초기의 동물은 물속에 있는 산소를 꺼내 쓰는 방법을 알았다. 그러나 바다에서 밀려 나와 육지에 적응해 살게 된 동물들의 경우 폐를 발전시켜 물이 없어도 숨을 쉴 방법을 찾아냈고 대신 물속에서 호흡하는 기술을 잃어버렸다. 그 후 어찌된 일인지 다시 물로 돌아가기로 결정한 동물들이 있다. 그들은 고래처럼 몸집을 키워 한 번 들이마신 숨으로 오랫동안 물속에 머무르는 방법을 쓰기도 하고, 워터아놀처럼 머리에 공기주머니를 만들기도 한다. 워터아놀은 미간의 피부를 풍선 모양으로 늘려 그 속에 공기를 넣고 잠수한다. 이는 여분의 산소통을 늘 장착하고 있는 것과 같아서 숨을 참는 괴로움 없이 무려 16분이나 물속에 있을 수 있다.

그동안 인간들은 겨드랑이에 아가미가 있으면 물에서도 숨을 쉴 수 있을 것이라는 등 신체 구조를 완전히 바꾸어야 가능한 이야기를 하곤 했는데, 그건 불가능한 것이 확실하다. 양서류나 파충류도 아가미를 안 만들고 공기주머니를 만드는 마당에 포유류가 아가미를? 그러니 우리도 어느 부분의 피부를 늘려 공기주머니를 만드는 것이 미적으로나 호흡으로나 효율적일지 생각해 보자.

산호초에 사는 tusk fish는
산호를 모루로 삼아 조개를 까
먹는데, 하나 까는 데 한 시간
이나 걸린다니 저러다
말라 죽겠다.

터스크물고기

11

물고기의 창의력

놀래깃과에 속하는 터스크물고기는 산호초에 살며, 매우 다양한 종이 있다. 몸길이 50센티미터가 넘는 이 물고기는 앞으로 튀어나온 2개의 엄니가 있어 터스크라는 이름이 붙었는데, 산호초에 사는 물고기답게 종마다 화려한 색을 자랑한다. 게다가 오스트레일리아의 그레이트배리어리프에 사는 터스크물고기는 조개를 산호초에 내리쳐 껍데기를 깨고 속살을 파먹는다. 모루, 즉 받침대 역할을 하는 산호초 옆에는 이미 까먹고 버린 조개껍데기가 많이 있는 것으로 보아 이 물고기들은 식사할 장소가 정해져 있다는 것을 알 수 있다.

이는 이들의 기억력과 창의력이 인간이 상상하는 것 이상으로 뛰어나다는 것을 말해 준다. 이렇게 조개를 까는 방법을 알아냈으니 이를 모방하는 종이 생길 것이고, 이 방법이 뛰어난 생존 전략이라면 미래의 물고기들은 모두 조개를 물어서 바닥에 내리치는 데 유리한 몸 구조를 갖출 것이다. 나아가 더 기발한 방법으로 조개를 깔지도 모른다.

헝가리 티서강에만 사는
긴꼬리하루살이는 3년간 강바닥
진흙 속에서 유충으로 지내다
단 3시간 동안 성충으로 사는데
그 동안 짝짓기와 알 낳기를
마쳐야 하므로 뭘 먹을 시간이
없다.

긴꼬리하루살이

12

게으른 유전자

지구 생물의 역사가 물에서 시작했기에 여전히 많은 동물이 물이 있는 곳에 알을 낳거나 양수 속에서 새끼를 키운다. 게다가 적지 않은 동물이 비교적 안전한 물속이나 땅속에 오랜 기간 머물다가 짝짓기와 알 낳는 시기에만 잠깐 바깥으로 나오는 세대 잇기 전략을 쓴다. 긴꼬리하루살이는 유충일 때 물에서 조류를 잡아먹으며 성장한 뒤 강바닥을 파고 들어가 3년 동안 땅속에서 지낸다. 성체가 된 뒤에는 물 밖으로 나와 반나절도 안 되는 3시간 동안 아주 진한 삶을 살다 죽는다.

그래도 이런 전략이 나쁘지 않은 것이 하루살이인 이들이 3년 동안 세대를 이어 가려면 에너지도 많이 필요하고 여러 가지 천재지변도 겪어야 한다. 하지만 물 바닥에 있으면 지상에서 무슨 일이 일어나도 3년 후 깨끗하게 정리가 되어 있으면 아무런 문제 없이 다시 알을 낳을 수 있다. 아마 긴꼬리하루살이의 조상 중 이런 개체가 있었을 것이다. 남들이 다 깨어서 짝짓기를 할 때 모르고 그냥 잠만 잔 것이다. 결국 그 게으른 유전자가 이 종을 살렸다고 볼 수 있다. 그러니 게으른 것이 나쁜 것만은 아니다.

동남아시아 밀림에 사는 코뿔새는
부리 위에 있는 뿔이 소리를 증폭해
공룡같이 큰 소리를 내는데,
새가 공룡이니까 저 소리는
공룡 소리가 맞다!

코뿔새

13

피리 부는 공룡의 후손

코뿔새가 사는 곳이면 그곳이 어디든 커다란 통소 소리를 들을 수 있다. 한 마리가 날아갈 때는 멜로디가 하나지만 두 마리가 날아가면 두 멜로디가 화음을 이루고 여러 마리가 날아가면 엄청나게 큰 소리가 들린다. 소리의 비밀은 새의 부리 위에 난 뿔로 이 뿔은 속이 비어 있어 새들이 날 때 피리 같은 역할을 한다.

공룡의 머리 화석을 보다 보면 가끔 머리 앞쪽에 긴 뿔을 가진 것들이 있는데, 이 뿔도 피리 같은 역할을 했음이 분명하다. 물론 이들이 이런 특별한 소리 기관을 가진 이유는 십중팔구 이성에게 잘 보이기 위한 것이었겠지만 이유야 어떻든 공룡들이 살던 중생대에는 높낮이가 다른 멜로디가 있었음을 어렵지 않게 짐작할 수 있다. 관악기 소리를 내는 코뿔새가 바로 그 증거다. 그들은 다름 아닌 공룡의 후손인 것이다!

불곰도 괜찮아 ~~

북극곰

14

대세는 국제결혼

우리가 알고 있는 북극곰은 원래 따뜻한 지방에 살던 불곰이 지구를 덮친 빙하기에 적응하며 진화한 동물이다. 북극곰의 피부는 검은색으로 햇빛 한 점도 놓치지 않고 모두 흡수한다. 털은 속이 비어 투명하지만 햇빛을 난반사시켜 우리 눈에는 흰색으로 보인다. 물론 흰색은 주변에 있는 북극의 얼음, 눈과 같은 색이라 곰이 움직이지 않으면 곰이 있는지 없는지 알아보기 힘들다. 풀이 자라지 않는 곳에 살기 때문에 이빨은 물고 찢는 일에 최적화되어 있고 사냥하는 동물답게 지능이 뛰어나다.

지구 온난화로 서식지가 줄어들어 큰일이라는 메시지와 함께 북극곰이 깨진 얼음 사이의 바닷물에 빠지는 장면이 텔레비전에 나오기도 하는데, 사실 이 장면은 북극곰의 위기를 설명하기에 썩 좋은 장면은 아니다. 이들은 발가락 사이에 물갈퀴가 있어 물에 들어가면 펭귄 못지않은 수영 실력을 뽐내는 해양 포유류이기 때문이다. 적응력이 뛰어난 북극곰은 서식지가 겹치는 불곰이나 회색곰과 결혼해 다양한 털색을 자랑하는 혼혈 자손을 낳았는데, 이 자손들은 노새나 버새 같은 혼혈과 달리 자손을 낳는 데 어려움이 없어 북극 경계 부근에서는 더 많은 혼혈 곰이 나타날 전망이다. 북극곰이 새로운 환경에 맞추어 진화하는 것이다. 그들의 조상이 그랬던 것처럼!

사향소는 무시무시한 외형 때문에
'소'로 불리지만 유전 계통으로는
산양, 염소와 같은 양족이다.
매애~~~~

15

미래를 결정하는 것

환경에 적응을 잘하는 유전자가 다음 세대에 전해지기 때문에 분류학상 다른 계통의 동물이라도 외형이나 습성이 비슷해지는 경우를 아주 많이 볼 수 있다. 개미핥기와 천산갑은 같은 속이 아니지만 개미집을 부수는 강력한 발톱과 개미를 꺼내 먹는 긴 혀가 닮았다. 둘 다 주식이 개미라 이렇게 모습이 변한 것이다.

우리가 보통 사향소라 부르는 커다란 몸집의 동물은 소라고 부르지만 사실 양족 동물이다. 추운 북쪽으로 이동해 온 사향소의 조상들은 체온을 잃지 않으려고 몸집을 키웠고 그러기 위해 많이 먹었다. 그 결과 보편적인 양과는 많이 다른, 소와 비슷한 외형을 가지게 된 것이다. 생명체의 진화는 매우 정직한 방식으로 작동한다. 지금 내가 살고 있는 곳의 환경이 후손의 몸과 정신을 결정한다. 그러니 자연환경, 사회환경을 지속 가능하게 잘 돌보도록 하자.

이지유의 이지 사이언스

03 동물: 뉴욕 쥐의 다이어트 유전자

초판 1쇄 발행 • 2020년 3월 6일
초판 2쇄 발행 • 2020년 3월 10일

지은이 | 이지유
펴낸이 | 강일우
책임편집 | 김보은 이현선 김선아
조판 | 박지현
펴낸곳 | (주)창비
등록 | 1986년 8월 5일 제85호
주소 | 10881 경기도 파주시 회동길 184
전화 | 031-955-3333
팩시밀리 | 영업 031-955-3399 편집 031-955-3400
홈페이지 | www.changbi.com
전자우편 | ya@changbi.com

ISBN 978-89-364-5919-2 44400
ISBN 978-89-364-5916-1 (세트)

* 책값은 뒤표지에 표시되어 있습니다.